植物里的中国故事

大树篇

顾问●傅廷栋　主编●刘宏涛　张莉俊

長江出版傳媒
湖北科学技术出版社

图书在版编目（CIP）数据

植物里的中国故事．大树篇 / 刘宏涛，张莉俊主编．
武汉 ：湖北科学技术出版社，2025. 9. -- ISBN 978-7
-5706-4313-4
Ⅰ．Q94-49
中国国家版本馆 CIP 数据核字第 2025NA4399 号

植物里的中国故事·大树篇
ZHIWU LI DE ZHONGGUO GUSHI DASHU PIAN

责任编辑：张丽婷
责任校对：陈横宇　　封面设计：喻　杨

出版发行：湖北科学技术出版社
地　　址：武汉市雄楚大街 268 号（湖北出版文化城 B 座 13—14 层）
电　　话：027-87679468　　邮　　编：430070

印　　刷：湖北新华印务有限公司　　邮　　编：430035

787 毫米 ×1092 毫米　1/12　5.5 印张　100 千字
2025 年 9 月第 1 版　2025 年 9 月第 1 次印刷
定　　价：198.00 元（全四册）

“植物里的中国故事”丛书

编委会

读植物故事，品中华文明

翻开这本书，如同开启一场穿越时空的文化之旅。那些看似平凡的植物，实则是中华文明五千年智慧的密码本。一株柳树，承载着多少离愁别绪；一枝寒梅，凝结着多少文人风骨；一粒黍米，丈量着多少文明尺度。这些静默生长的生命，恰如渊博的智者，把中华文化的深邃与博大向我们娓娓道来。

“植物里的中国故事”丛书选取了40种具有中国特色的植物，在这40种植物的年轮里，镌刻着先人对自然的敬畏与智慧。当代青少年生活在数字化的浪潮中，更需要这种扎根大地的文化滋养。当你们了解苏轼为何“宁可食无肉，不可居无竹”时，领悟的不仅是一种植物特性，更是一种精神气节；当你们读懂“薏苡明珠”的典故时，收获的不仅是一个成语，更是一面照见人性善恶的明镜。这些植物故事就像一把把钥匙，能打开传统文化宝库的大门，让抽象的文化概念变得可触可感。

希望这套书能成为你们探索中华文明的起点。当你们在生活中遇见这些植物时，看到的将不仅是花草树木，更是流动的历史、活着的文化。愿你们以这些植物故事为媒，建立起与传统文化的情感联结，让中华文明的根系在新时代继续茁壮生长。

中国工程院院士

华中农业大学教授

傅廷栋

目录

银杏：
比恐龙还古老的地球“孤勇者”

植物小档案

姓名：银杏
学名：*Ginkgo biloba*
别名：鸭脚子、公孙树、白果
家族：银杏科银杏属
花期：3—4 月
种子成熟期：9—10 月
产地：浙江天目山、贵州务川、重庆金佛山、广东南雄、广西兴安等地
用途：观赏、药用、食用

我是一棵银杏树，小名叫“白果”，我的叶子有点像鸭子的脚，所以古人喜欢叫我“鸭脚子”，它还像一把小扇子，特别可爱！

我们银杏家族是中国独有的孑遗植物，早在 2.8 亿年前的石炭纪就出现了，比恐龙还早 4000 万年呢！侏罗纪和早白垩纪时期是我们家族的鼎盛时期，那时全球有 200 多个成员。可惜后来经历了冰川侵袭等大灾难，海外的“亲戚们”都消失了，由于中国局部地区受冰川影响较小，所以只有中国的“祖先”幸运地活了下来。

作为银杏家族唯一的血脉，我们靠着超强的“防御力”躲过了地球上的大灾难，坚强地活到了今天。

我们不仅是命运多舛的“孤勇者”，还是见证了地球亿万年历史的“活化石”哦！

科普小讲堂

孑遗植物又被叫作“活化石”植物。这些植物就像是地球上的“时间旅行者”，在很久很久以前就存在了，它们曾经非常繁盛，遍布世界各地。可是后来，地球的气候和地质发生了剧烈的变化，很多地方变得不适合它们生存，所以大部分都消失了，只有少部分活了下来，这些植物就是孑遗植物。大家熟悉的银杏、水杉等，都是这样的“活化石”植物。

什么是孑遗植物？

“帝王树”：潭柘寺里的“预言家”

“帝王树”是我们家族的大明星！他已经1300多岁了，住在北京的潭柘寺里。传说每当有皇帝去世，他就会有一根树枝折断；而当新皇帝登基时，又会从根部长出一根新枝。乾隆皇帝听说后，亲自到潭柘寺，封他为“帝王树”。在“帝王树”旁边，还有一棵600多岁的银杏树，最初起名为“娘娘树”，结果发现搞错了性别，只好改名叫“配王树”。虽然他们都不能结种子，但每年秋天，两棵参天古树披上“金甲”，气势恢宏，给千年古刹增添了无限魅力。

银杏树也分“男生”和“女生”？

科普小讲堂

银杏树也有“男女”之分，也就是雌株和雄株。在种银杏树时，要根据需求选择性别。比如，用于绿化和观赏时，通常会选择雄树，因为雌树会结种子，不仅掉在地上不好清理，还会散发异味；如果想收获种子，就得雌雄搭配种植，雄树提供花粉，雌树才能结出种子。

“汉阳树”：古诗里的千年明星

“汉阳树”是我们家族的另一个大明星！他的名字来自唐代诗人崔颢的名诗《黄鹤楼》：“晴川历历汉阳树，芳草萋萋鹦鹉洲。”1300 多年前，崔颢在武汉黄鹤楼上登高远眺、吊古怀乡，写下了这首诗。诗中的“汉阳树”本来指的是崔颢在黄鹤楼上所看到的汉阳一带的各种树木，但刚好那里有一棵 500 多岁的银杏树，于是就被后人称为“汉阳树”啦！

这棵银杏树位于武汉市汉阳区凤凰巷，是武汉市主城区最老的树，他不仅颜值高，还充满了历史文化气息。

现在，“汉阳树”和周围的景观已经被打造成汉阳树公园，成了武汉的“网红”打卡地标。他和同样因诗得名的“晴川阁”“鹦鹉洲”一起，再现了崔颢诗中的经典场景。“汉阳树”真是蹭到了大诗人的流量呢！

白果炖鸡：银杏的“美味传说”

我们银杏树是世界上最美丽的树之一，树冠宽阔，叶子金黄。每到秋天，我们就会换上金色的外衣，吸引无数人的目光。很多人会来收集我们的种子，也就是白果。

每当听到人类说“白果是一味药食同源的佳品”，我就特别自豪！因为我们可以帮助人类治疗很多疾病。你们听说过白果炖鸡吗？传说张天师（道教创始人张道陵）在青城山修炼时，见弟子们身体虚弱，就用银杏树上的白果和山鸡炖汤，弟子们喝了之后身体便逐渐康复。从此，白果炖鸡就成了青城山的特色道家药膳，流传至今已有近 2000 年。20 世纪 80 年代，白果炖鸡还被评为“青城四绝”之一呢！大家如果有机会去青城山的话，一定要尝尝哦！

科普小讲堂

白果虽具有很高的药用价值，但也有一定的毒性，不能生吃，食用熟的白果也要控制数量，一般成人每次不超过 10 颗，儿童不超过 5 颗。

银杏随处可见，却依然濒危

银杏有着美丽的外形和华贵的气质，人类非常喜欢我们，把我们种在公园、小区、街道等很多地方。现在，我们的数量在全球范围内迅速增加，看起来，好像又回到了曾经遍布全球的盛况，但科学家们却依然把银杏列为国家一级保护植物，认为我们仍然处于濒危状态。这是为什么呢？

原来，虽然现在我们的数量很多，但大部分都是人工种植的。野生的种群并不多，甚至还在减少。这些人工种植的银杏树，基因相对单一，缺乏了多样性这层“天然保护层”，所以我们依然面临着灭绝的危险。

古老的银杏不仅是大自然的奇迹，还是文明的见证。保护银杏，不仅是保护一个物种，更是对银杏所承载的华夏文明的传承和敬畏！

水杉：死而复生的“活化石”

叶片

雄花序

球果

植物小档案

姓名：水杉

学名：*Metasequoia glyptostroboides*

别名：梳子杉

家族：柏科水杉属

花期：2月下旬

果期：11月

产地：四川石柱县、湖北利川县及湖南西北部等地

用途：观赏、工业

我是一棵水杉，小名“梳子杉”。我们水杉是中国特有的孑遗植物，也是第一批被列为中国国家一级保护植物的珍稀树种。

我们曾与恐龙为伴，见证恐龙灭绝，也是曾被植物学界认为早在 200 万年前就从地球上消失的植物。

我们是一种高大的落叶乔木，挺拔秀丽，一片片条形树叶排列形成羽毛状的小枝，入秋后叶子逐渐变红，特别壮观。我们是一种重要的园林观赏树种，可以打造出四季不同的景观。

我们是大树中的巨人，高达数十米，胸径达数米。目前最高的水杉达 48 米，相当于大约 15 层楼的高度。我们的树干笔直而粗壮，就像是大自然的守护者，守护着大地。

利川发现不明大树

在遥远的白垩纪，巨大的恐龙漫步在葱郁的森林中，我们的祖先已进化成参天乔木，高耸入云、枝叶繁茂，遍布整个北半球。然而，一场突如其来的灾难——第四季冰川的侵袭，几乎让整个家族全军覆灭。

幸运的是，在中国四川、湖北、湖南交界一带的山沟里，还保留了少数幸存者。“世界真的忘了我们吗？”我们的祖先热切地期待着重返家园的那天。

直到 20 世纪 40 年代，中国的植物学家们让我们从化石中“复活”，谱写了一段科学探索与自然发现的佳话。

1941 年 10 月，著名林学家干铎由鄂入川，途经四川省万县谋道溪（现属湖北省利川县谋道镇），见当地土地庙后面有一株从未见过的落叶大乔木，便停下来仔细观察，直觉告诉他这不是普通的植物。可惜当时已是深秋，树叶尽落，他未能采集到标本，但为以后进一步考察和对水杉这一新种的鉴定、定名提供了线索。

1943年，著名林学家王战前往湖北恩施接洽神农架考察。他听说了“谋道溪”的奇特大树，就想亲眼看看。趁着这次考察，王战决定绕道步行300余里，前去寻找这棵古树。古树位于偏僻之处，交通十分不便，路途中还有野兽出没，可这些都没能让他打退堂鼓。经过数十天的艰难跋涉，他终于见到了那棵心心念念的大树——只见树高约35米，姿态优美，极具研究价值。王战现场采集了枝叶和球果标本，如获至宝。

他发现这棵树的外形有点像水松，但球果、枝、叶又均与水松有明显差异。王战不能确定这究竟是什么树，便在标本上暂时写上了“水松？”的标记。

科普小讲堂

最初在湖北恩施利川发现的水杉，树龄660多岁，树高约35米，胸径约2.5米，是世界上树龄最大、胸径最粗的水杉母树，也是后来被国家标号“0001”的“水杉模式标本树”，被称作“天下第一杉”。

注释：模式标本，一般指新物种命名时所依据的标本。

我其实不是松，也不是水松，重返人间的我迫切希望拥有自己真正的名字。

中国植物学家让水杉“复活”

1945 年，王战将标本交给植物学家郑万钧教授。郑万钧认为这不是水松，而是一个新物种，但究竟是何物无法判定。1946 年，为探明我们的真实身份，郑万钧重新采集标本并寄给植物学家胡先骕教授，请他帮忙鉴定。胡先骕十分重视，与郑万钧并肩作战，查阅了海量的文献资料。经过无数次的比对与分析后，1948 年，胡先骕和郑万钧两位教授联名发表论文，正式为我们定名“水杉”，推翻了水杉在世界上早已灭绝的定论。我们终于被发现了，重返家园的愿望快要实现了！

我们的出现，激起了科学界的滔天巨浪，被誉为20世纪植物界最伟大的发现之一。为了一睹“神树”的风采，释疑一系列科学问题，全世界共有 80 多个国家和地区的科学家纷纷前来考察、研究。

1948 年，在胡先骕的帮助下，我们先在庐山植物园安家落户，接着被引种到 50 多个国家、170 多个地区。我们终于重返家园了，真是太好了！

高兴之余，我们可不能忘了感谢那些细心、勇敢、坚持不懈的中国植物学家们，是他们的努力和付出才有了我们的今天。在这里，我要特别介绍一下被称为“现代水杉之父”的胡先骕先生，他是中国植物分类学的奠基人，被誉为“中国植物学界的老祖宗”。听说，胡先生的文学造诣也十分深厚，他曾撰写了多篇文稿向世界介绍我们。其中有一篇长达500余字的科学诗《水杉歌》，被誉为亘古未有的科学诗。

“化石龙骸夸禄丰，水杉并世争长雄。
禄丰龙已成陈迹，水杉今日犹葱茏……
琅函宝笈正问世，东风伫看压西风。”

桑：与蚕共舞的“东方神树”

叶子

雌花

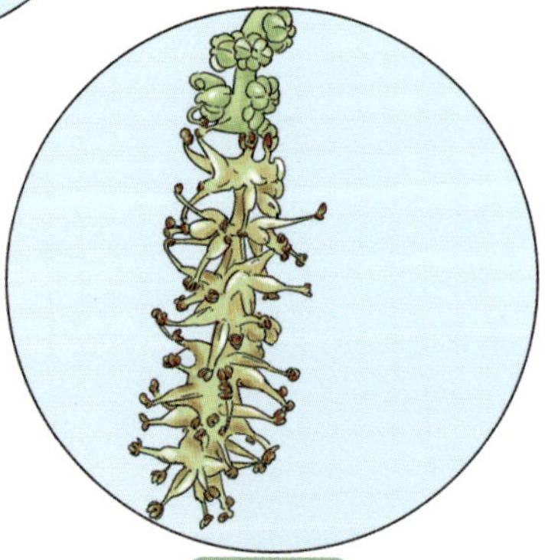

雄花

果实

植物小档案

姓名：桑

学名：*Morus alba*

别名：家桑、蚕桑

家族：桑科桑属

花期：4—5月

果期：5—8月

产地：我国中部和北部

用途：药用、工业、饲蚕

我是一棵古老的桑树，被人们称为“东方神木”。我全身都是宝，是大自然中真正的“生命工厂”，正如大家常说的“春采桑枝、夏食桑葚、秋收桑叶、冬取桑皮”。

作为一棵优秀的大树，我非常勤奋，每天都在努力进行能量转换，为蚕宝宝提供最优质的食物，帮助它们健康成长。

我的叶子、根和树皮都有药用价值。在中医里，桑叶可以用来疏散风热、清肺润燥。我的果实——桑葚，富含多种维生素和矿物质，是孩子们心中的“甜蜜使者”，还能滋补肝肾、养血明目。

我的树皮虽然不如青檀那么有名，但也曾发挥过重要作用。在汉代，人们用桑树皮制作桑皮纸，这种纸被称为人类纸业的“活化石”，常用于绘画、制扇、印制钱币和书籍。

当然，我最自豪的还是与蚕宝宝一起谱写的那段波澜壮阔的历史。我们一起创造了无数精美的丝绸，为世界带来了无尽的美丽和温暖。

科普小讲堂

蚕为什么喜欢吃桑叶？

桑叶含有蚕生长发育所必需的营养物质，还有许多对蚕有益的生物活性物质，比如蛋白质、氨基酸、碳水化合物、维生素和矿物质等。

桑叶不仅口感鲜美，而且质地柔软，蚕宝宝可以轻松地进食，从而获取足够的营养。

在漫长的进化过程中，人们将蚕从野生状态逐渐驯化为家养，这使得蚕对桑叶形成了固定的食性。可以说，桑叶的味道已经深深地写进了蚕的基因里。

嫘祖奇遇，蚕茧巧变织物

很久很久以前，我的祖先在雅鲁藏布江流域生根发芽。当我还是一粒小小的种子时，一只鸟儿把我带到了一片肥沃的土地上，在这里，我破土而出，逐渐生长成为一棵参天大树。然而，一个春天的早晨，我平静的生活被打破了——一群蚕宝宝悄悄地爬上了我的枝头，开始贪婪地啃食我的嫩叶。

“喂，你们这些小家伙，怎么总是吃个不停呢？”我有些生气地问道。但它们只顾着吃，根本不理会我，真是让人讨厌。

我感到非常苦恼，不知道什么时候才能摆脱这群贪吃的小家伙！

有一天，一位聪慧而温柔的女子——古华夏部落联盟首领黄帝的妻子嫘祖，在我的树荫下搭起灶台，准备烧水做饭。突然，一只调皮的蚕茧掉进了沸腾的水中，嫘祖看到后，急忙用树枝想把蚕茧捞出来，没想到蚕茧在水中慢慢散开，露出了晶莹剔透、洁白无瑕的丝线，在水中轻轻舞动。

嫘祖小心翼翼地用树枝缠绕着丝线，心中突然有了一个奇妙的想法：这种神奇的丝线，能不能像麻线一样，编织成温暖的衣物呢？她捞起丝线，开始细细编织，不久，一块洁白如云的丝绸在她灵巧的手中缓缓展开，那光泽和质感，超越了以往的任何织物。

嫘祖毫不犹豫地将这一技艺传授给了部落中的每一个人。从此，这个世界因为丝绸而变得更加丰富多彩。人们感激嫘祖的恩泽，尊称她为“先蚕娘娘”。中国，这个古老而智慧的国度，成为世界上最早种植桑树、养蚕织丝的地方。

桑蚕携手，万缕蚕丝连接古今中外

人类一直精心地照料我，“桑”字被记录在古老的甲骨文中。我慢慢发现，正是这些小小的蚕宝宝，让我的存在变得更加有意义，我们也因此成了形影不离的好朋友。

从新石器时代的先民到春秋战国的诸侯，再到唐宋明清的文人墨客，我们一起见证了蚕桑文化的发展与传承。我们曾一起听过《诗经》中“爰求柔桑”“南山有桑”的吟唱，也目睹了春秋战国时期巴蜀地区桑蚕产业的兴盛。我们见证了“齐鲁千亩桑麻”的繁荣景象，还和李白一同感受了“吴地桑叶绿，吴蚕已三眠”（《寄东鲁二稚子》）的宁静与美好。

西汉时期，使者们带着我和蚕宝宝的杰作——丝绸，以及漆器、茶叶等，从西安出发，穿越了茫茫的沙漠，翻过了巍峨的山脉，将华夏民族农耕文明的种子一路撒播。同时，也把西域的文化、科技、宗教等传入了中国。这就是“丝绸之路”的由来。更令人惊叹的是，这条将东西方文明紧紧连接在一起的贸易通道延续了近两千年。

每当春风吹过，我依旧会慷慨地献上我的绿叶，而蚕儿则以它们辛勤的劳作与我共同书写着桑蚕文化的新篇章。这份默契与和谐，不仅是大自然赋予我们的礼物，更是人类智慧与自然力量完美结合的见证。

作为大自然与人类文明共同创造的奇迹之一，我感到无比荣幸和自豪。希望我的故事能够激励更多人去了解、传承和发扬蚕桑文化这一人类共同的宝贵财富。

柳：古人送别的“代言树”

植物小档案

学名：旱柳（*Salix matsudana*）、垂柳（*Salix babylonica*）

家族：杨柳科柳属

花期：3—4月

果期：4—5月

产地：旱柳产于东北、华北平原、西北黄土高原，西至甘肃、青海，南至淮河流域以及浙江、江苏，为我国平原地区常见树种，朝鲜、日本、俄罗斯远东地区也有分布。垂柳产于长江流域与黄河流域，其他各地均有栽培。在亚洲、欧洲、美洲各国均有引种

用途：观赏、经济、防风固沙、护岸固堤

我是柳树，来自中国，早在殷代的甲骨文中，就已经有了“柳”字的记载。

我属于杨柳科柳属，家族成员众多，其中最常见的是旱柳和垂柳。每年 4—5 月，我们会产生大量的柳絮，漫天飞舞，虽然人们觉得有点烦，但这些柳絮其实是我们的种子，它们带着白色茸毛，可以随风飘散，这是大自然赋予我们的繁衍智慧。

我的用途非常广泛：枝条可以用来编织筐子、篮子等生活用品；柳絮可以用来做枕芯和鞋垫。我还能净化空气、保持水土，并为鸟儿提供栖息地。此外，我的树形优美，是园林绿化中重要的树种之一。希望你能更加了解并喜欢我们柳树家族！

折柳送别，中国式的浪漫

“昔我往矣，杨柳依依”，这是《诗经》中的一句经典传唱，让我从一棵普通的树变成了思念家乡的象征。后来，许多诗人也用我来表达他们的思乡之情，比如“羌笛何须怨杨柳，春风不度玉门关”“此夜曲中闻折柳，何人不起故园情”等。

因为“柳”和“留”同音，人们还赋予了我“挽留与不舍”的含义。在历史上，灞桥非常有名，是古人送别亲友的地方，位于西安的灞河水道上。当亲友将要远行时，人们会折下桥边的柳枝送给他们，祝愿他们一路平安、不忘家乡、早日归来，尤其是在隋唐时期，这种折柳送别的风俗非常流行。古人是不是很浪漫呢?

柳与它的名人朋友们

数千年来，人们在房前屋后种植柳树已经成为一种习俗，留下了许多“名人与名柳”的佳话，现在，让我来介绍一下吧！

清明柳与介子推。在春秋时期，晋国的公子重耳为了逃避迫害而流亡国外，他的随臣介子推一直陪伴着他。十九年后，重耳成为国君，也就是历史上的晋文公。他重赏了功臣，却忘了介子推。介子推不愿争功讨赏，便隐居到绵山（位于山西介休）。晋文公为了逼他出来，竟然放火烧山，火熄灭后，人们发现介子推已经死在一棵烧焦的柳树下，晋文公非常悲痛，下令将这一天定为寒食节。第二年，那棵老柳树竟然复活了，晋文公便赐名它为“清明柳”，并将寒食节的后一天定为清明节。

运河柳与隋炀帝。隋炀帝杨广在历史上虽然名声不太好，但也做过一些好事。在开凿大运河时，他下令在运河两岸种植柳树，并规定每栽活一棵柳树就奖励一匹细绢，这使得运河两岸绿柳成行，宛如一道绿色长城，人们称之为“运河柳”。

柳公柳与柳宗元。唐代文豪柳宗元被贬到广西柳州任刺史后，引导百姓大规模植树造林。他特别喜爱柳树，曾写《种柳戏题》一诗抒发感慨：“柳州柳刺史，种柳柳江边。谈笑为故事，推移成昔年。”柳宗元去世后，人们为他建了柳公祠，祠前的柳林被称为“柳公柳”。

苏堤柳与苏东坡。宋代文豪苏东坡在杭州为官时，带领民众在西湖筑堤，蓄水灌田，并在堤上种植了大批柳树。人们将这条堤称为“苏堤”，堤上的柳树称为“苏堤柳”。

左公柳与左宗棠。清代名将左宗棠驻守西北时，命令部下在河西走廊沿途种植柳树，延绵数千里的河西走廊因此绿柳成荫，成为一道美丽的风景。后人为纪念他，将这些柳树称为“左公柳”。

《清明上河图》中的柳

作为柳树，我感到特别自豪，因为在中国十大传世名画之一的《清明上河图》中，有很多我的身影。据统计，这幅画里有一百七十多棵树，其中绝大多数是柳树，我是不是很厉害？不过，为什么当时会有这么多柳树呢？

其实，东京（现在的开封）遍地是柳树，并不是一朝一夕的事情。最早，隋炀帝下令开凿大运河，疏通了通济渠（唐宋时期称为汴河），并在河堤两岸广植柳树。后来，后周周世宗在修建东京外城和拓宽道路时，也要求在路边广泛种树，其中就有大量柳树。到了北宋初年，宋太祖赵匡胤下令疏浚河道，并在两岸种植榆树和柳树，以巩固堤岸。

你有没有发现，几乎每一次汴河疏通改道，都会栽植大量柳树？这是因为当时东京一带的土地盐碱化非常严重，被称为“斥卤之地”，很多植物无法生长。而我们柳树适应性强，耐水湿，常被栽植在河岸边，我们发达的根系还能起到护岸固堤的作用，再加上我们的枝条柔美，寓意美好，人们格外喜爱我们，因此，汴河沿岸的柳树也就越来越多了。

槐：古代官员的“幸运树”，现代寻根的“时光机”

植物小档案

姓名：槐

学名：*Styphnolobium japonicum*

别名：国槐、金药树、豆槐、槐花树、槐花木、守宫槐、槐树、早开槐

家族：豆科槐属

花期：7—8月

果期：8—10月

产地：原产于中国，现南北各省区广泛栽培，华北和黄土高原地区尤为多见。日本、越南、朝鲜也有分布

用途：观赏、蜜源、药用、经济

我是槐树，中华大地上的古老树种，早在《山海经》里就有关于我的记载了。人们常说：“千年松树万年柏，顶不住老槐歇一歇。”我的寿命可长了，在甘肃省崇信县，有一位3000多岁的槐树祖爷爷，依然精神抖擞，大家都叫他“华夏古槐王”。

我浑身都是宝。枝干是古人钻木取火的原料之一，木材适合做各种家具、农具及建造房屋。花可以用来染布。花、果实、叶子和根还能做成中药，帮助人们治病。

在古代，我还是官位和财富的象征，代表着金榜题名、福禄双全的好运，所以大家都叫我“吉祥树”或“幸福树”。不少诗文和传说中都有我的身影。

600多年前，我的另一位祖爷爷——山西洪洞大槐树见证了中国历史上最庞大的人口迁徙，被很多人当作家乡和祖先的象征，承载着中国悠久的“寻根”文化。

国槐与刺槐

VS

国槐的叶柄没有刺

刺槐的叶柄有刺

VS

国槐的花朵香味清淡，常用来入药

刺槐的花可以做成各种美食，如槐花麦饭等

VS

国槐的果实是念珠状的

刺槐的果实是扁平状的

科普小讲堂

我有一位远房亲戚，叫刺槐，他来自遥远的北美洲，100多年前开始移居到中国。我和他可不一样，大家可不要把我们弄混哦！

南柯一梦醒，终是一场空

在古代，我可不是一种普通的植物，我可以给人带来福气，还是官位的象征呢！

在周代宫廷里，群臣朝见天子时，三位最高官员——太师、太傅、太保，分别站在三棵槐树身旁。后来，“三槐”也就成了三公的代名词。渐渐地，我与科举考试也产生了联系。科举考试的年份叫“槐秋”，举子赴考叫“踏槐”，考试的月份叫“槐黄”。“槐花黄，举子忙”说的就是学子们准备科举考试的忙碌情景。

唐朝有个文人叫李公佐，他写过一个关于“南柯一梦”的故事。故事里有个叫淳于棼的读书人，有一天喝醉了酒，躺在院子里的槐树下睡着了。在梦里，他来到了一个叫大槐安国的地方，那里的国王非常器重他，不仅让他娶了公主，还让他当了20年的南柯太守，风光无比。可是后来因为打仗失败，公主去世，他也被遣送回家，所有的荣华富贵都像流水一样消失了。就在这时，淳于棼突然惊醒，发现这一切不过是一场梦。他顺着梦里的情景去找，发现槐树下有一个大蚂蚁洞。原来，梦里的“大槐安国”竟然就是这个蚂蚁洞！

“南柯一梦终须醒，浮生若梦皆是空”，我们不要被虚假的荣耀迷惑，也不要沉迷于幻想，真正的成功是通过脚踏实地的努力和坚持得来的。

祖先在何处？洪洞大槐树

你听过这首童谣吗？“问我祖先在何处，山西洪洞大槐树。祖先故居叫什么？大槐树下老鹳窝。”这首流传了600多年的童谣，唱的就是我的一位祖爷爷，他住在山西洪洞县。

在明朝的时候，皇帝朱元璋想把山西稠密的人口迁移到其他地方开垦荒地。很多准备迁出的人都在山西洪洞县的大槐树下集合，从这里出发。于是，我的这位祖爷爷就见证了中国历史上规模最大、时间最长、范围最广的官方移民。据说移民活动持续了50年之久，移民人数可能达到数百万人！

离开家乡的人们，每当想起故乡，就会想起出发地的那棵老槐树。于是，他们把我的祖爷爷当作故乡的象征。到了新的村庄，他们会在村里最显眼的地方种下一棵槐树，精心照料。这些槐树渐渐长成了参天大树，也成了故乡的象征。每逢过年过节，人们会在树下奉上食物，敬香、叩头祭拜，表达对故乡的思念。

经过 600 多年的辗转迁徙，大槐树移民的后代已经遍布全球。洪洞大槐树早已在炎黄子孙心中深深扎下了认祖归宗之根，我也成了中华民族“寻根文化”的符号。

我，槐树，从古代开始，就一直伴随着中国人的衣食住行，还承载着厚重的传统文化。小朋友们，你们还知道哪些关于槐树的故事呢？快来和我一起探寻吧！

梧桐：
栽下梧桐树，引得凤凰来！

植物小档案

姓名：梧桐
学名：*Firmiana simplex*
别名：青桐、碧梧、青玉、庭梧
家族：锦葵科梧桐属
花期：6—7 月
果期：10—11 月
产地：产于中国南北各省，日本也有分布
用途：观赏、药用、经济

我叫梧桐，小名青桐，已经在中国这片土地上生长了3000多年，是人们心中高贵和吉祥的代表。

我的树干挺拔而粗壮，可以高达15~20米。我的皮肤（树皮）青绿色、光滑如丝，可以用于造纸和编织。我的种子既可食用也能榨油，滋养着这片土地上的生灵。

我不仅是一棵树，更是文化和传说的一部分。古人说，“凤凰非梧桐不栖”，我有幸成为神话中的吉祥之树。我的身影，被诗人们吟诵，被画家们描绘，成为文学与艺术作品中的常客。

我的木材声音传导性能非常好，经常被用来制作古琴等传统乐器。每当琴弦被轻轻拨动，那些悠扬的旋律就像是我内心的独白，穿越时空，与每一位聆听者对话。

凤栖梧桐：梧桐树上的神奇传说

人们常说，“良禽择木而栖，凤非梧桐不落”。我可是相当有文化的树，不信的话请听听各位老师是怎么解释的。

语文老师说，在中国传统文化中，梧桐有着特殊的地位，与凤凰相依相伴。人们在《诗经》中唱诵：“凤凰鸣矣，于彼高岗。梧桐生矣，于彼朝阳。”这是梧桐引凤凰传说的最早来历。高高的山岗、欢快的凤凰、茁壮生长的梧桐、东边升起的朝阳，多么和谐美好的画面啊！

生物老师告诉我，“凤非梧桐不栖”反映了鸟类对栖息环境的挑剔性。梧桐树高大挺拔、枝叶繁茂，能为鸟儿提供安全的庇护所，而且梧桐的种子好吃有营养，是鸟儿的天然食物来源，所以鸟儿喜欢梧桐树非常有科学道理。

哲学老师说，战国时期，有一位叫庄子的哲学家用“非梧桐不栖，非练实不食，非醴泉不饮”表达自己不随流俗、洁身自好的品质。于是，“凤栖梧桐”成了人们对优秀人才与理想环境相互吸引的生动比喻，也就是人们常说的“栽下梧桐树，引得凤凰来”。

焦尾琴：梧桐造就的国乐传奇

我自古与凤凰相伴，拥有着高贵的气质，人们都很喜欢我，称我为“树中之王”。但是，我最引以自豪的还是我的“音乐才华”。传说上古圣贤伏羲最先发现我的木材坚韧轻盈，并制造出了第一把古琴——“伏羲琴”。从此，我成了制作古琴的上等材料，还流传了一段佳话。

传说东汉时期文学家、音乐家蔡邕偶然间听到梧桐木在火中燃烧发出异常的声音，他断定这是制作古琴的好材料，便把木头从火中抢救出来，制成一把琴。果然这琴弹奏起来音色美妙绝伦，盖世无双。因为烧焦的地方正好位于琴尾，故这把琴也被称为“焦尾琴”。“焦尾琴”流传下来，成了世间珍宝，与齐桓公的“号钟”、楚庄王的“绕梁”、司马相如的“绿绮”并称为“中国古代四大名琴”。

此梧桐非彼梧桐

你见过梧桐吗？很多人可能会诧异，梧桐在城市里不是随处可见吗，怎么会没见过呢？其实，现在城市里种植的梧桐，大多并不是真正的梧桐，而是悬铃木，也被称为法国梧桐。悬铃木是一种外来植物，有着“行道树之王”的美称。悬铃木和梧桐的叶子很像，但果实和树皮的区别非常明显。

科普小讲堂

如何区分梧桐和悬铃木？

1. 叶子不同。梧桐和悬铃木的叶子都比较大，掌状。梧桐叶一般三到五裂，边缘光滑。悬铃木叶的五裂居多，边缘有大小不等的尖齿或波状齿。

梧桐叶

悬铃木叶

梧桐果实

悬铃木果实

2. 果实不同。梧桐的果实像小船，种子就像坐在船上的乘客。悬铃木的果实呈球形，有点像铃铛，一旦被吹散，会飞出伞状的种子，这也是引发人们鼻子过敏的元凶之一。以后过敏可不能让梧桐背黑锅了！

3. 树皮不同。梧桐的树皮青绿色，表面光滑。悬铃木的树皮斑驳，像迷彩服一样，常易脱落。

梧桐树皮

悬铃木树皮

漆树：古代器物的“时光守护者”

花

果实

植物小档案

姓名：漆树

学名：*Toxicodendron vernicifluum*

别名：干漆、山漆

家族：漆树科漆树属

花期：5—6 月

果期：7—8 月

产地：我国除黑龙江、吉林、内蒙古和新疆外，其余省区均产。印度、朝鲜和日本也有分布

用途：经济、药用

我是一棵漆树，小名山漆。我们漆树家族有一种神奇的能力——当外皮受伤时，我们会“流泪”。这些白色的液汁接触到空气后，会慢慢变成褐色，并在大约 4 小时后表面干涸硬化，形成一层坚固的保护膜。这个现象早在 8000 年前就被华夏先民发现了，他们把我们的液汁涂在器物上，不仅让器物变得色彩鲜艳，还能经久耐用。

我们的液汁叫作大漆或生漆。经过加工，生漆可以变得“白如雪，红似血，黑如铁”。手艺人们用这些漆制作出精美绝伦的漆器，流传至今，漆艺也被称为“永不褪色的东方之美”。这些漆器艺术品华美典雅，即使经过千年的岁月洗礼，依然光亮如新。

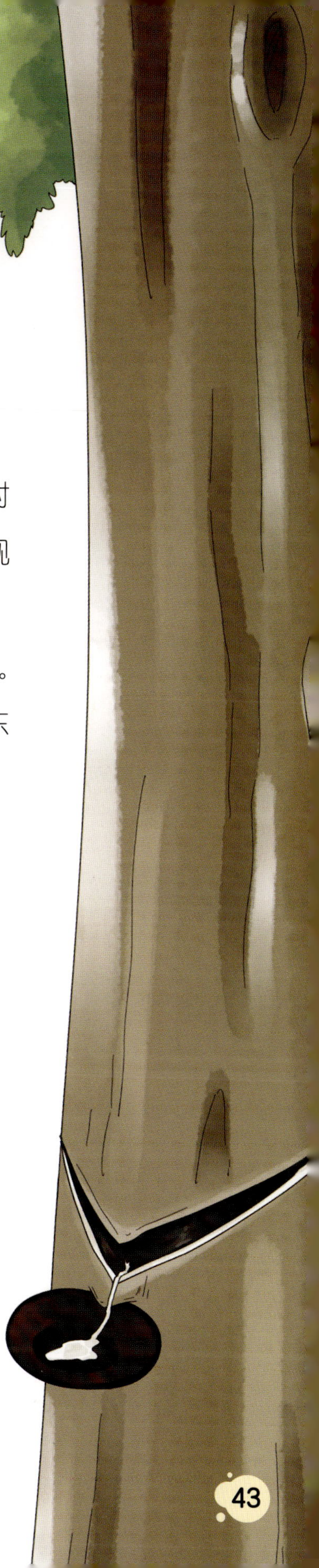

科普小讲堂

漆字最早出现在《说文解字》中，意思是“木汁”，可以用来涂抹器物［古人叫髹（xiū）物］。“漆”字的形状像水滴从树上流下来。人们取漆的方法是用刀在树皮上割开“V”字形或“一”字形的口子，用蚌壳或竹管接取流出的漆液。

庄子曾是漆树管理员

随着漆器的流行，人们对生漆的需求越来越大，于是开始人工栽培漆树。《诗经》中就有记载“树之榛栗，椅桐梓漆”，说明在先秦时期，漆树已经成为一种重要的经济树种。

在春秋战国时期，甚至有专门的漆树园。著名的思想家庄子就曾经做过漆树管理员。其实楚威王曾邀请庄子去做官，但是庄子崇尚自由，宁愿做一个小小的“漆园吏”。他每天在漆树园里照料漆树，观察它们的生长，感受大自然的宁静与和谐。或许正是这份平凡的工作，让庄子找到了心灵的栖息地，创作出了流传千古的《庄子》一书，他的故事被人们传为佳话，他也被称为“漆园傲吏”。

到了西汉，漆树的种植规模进一步扩大。《史记》中记载：“陈夏千亩漆……此其人皆于千户侯等。”拥有大片漆树，已成为当时社会财富和地位的象征。

百里千刀一斤漆

我们漆树长到 8 岁才能开始产漆，每年的 4 月初到 8 月底是漆农上山割漆的季节。民间有句俗语叫“百里千刀一斤漆”，意思是漆农要在大山里穿梭很久，才能采集到一斤漆。他们用时间和汗水换来了漆器的温润光泽。

漆农辛苦，我们漆树也付出了很大的代价。割漆时，漆农要在我们身上距离地面半米的地方割出一道长约 15 厘米、深达 2 厘米的口子。我们不仅要忍受伤口的疼痛，还得努力分泌漆液，防止伤口感染。这个过程非常痛苦，从被割开到漆液慢慢渗出，需要十几分钟，而且量非常少。一棵漆树在整个生命周期中只能割出大约 10 千克的生漆。要想短时间内采集 1 千克的生漆，需要大约 3000 棵漆树。这对割漆人的耐心是极大的考验。

另外，如果不小心碰到漆液，人类皮肤会出现各种不适症状，奇痒难忍，甚至有时还会有生命危险。因此，人们称我们为“咬人树”。其实我们并不是故意“咬人”，而是因为大漆中的漆酚会让人过敏。不过，正是这漆酚让大漆具有了优良的防腐性能。

漆器——古代生活的见证者

彩漆木雕鸳鸯形盒

由于大漆来之不易，所以古代的漆器非常珍贵，能够彰显使用者的身份、地位和权力。你想知道古代的贵族是如何享受生活的吗？让我来告诉你吧！

吃饭也要“高大上”：古人对吃饭非常讲究，尤其是餐具。你听说过“彩绘鸳鸯漆盖豆”吗？它的形状有点像我们现在用的碗，但它还有一个盖子，盖子上面画了两只栩栩如生的鸳鸯。它不仅是古人用来盛放食物的器具，还是一件非常精美的艺术品。想象一下，古代的贵族们在宴会上用这样的漆器盛放美食，是不是很有面子呢？

古代大型音乐会：曾侯乙墓中曾出土了一件战国时期的文物“彩漆木雕鸳鸯形盒”，虽然只是一个小盒子，但色彩、纹饰等都非常精美，盒子的两侧还绘有栩栩如生的“撞钟击磬图”和“击鼓舞蹈图”。图中描绘了这样的场景：一边，乐师敲击着大钟，耳边回荡着“咚——咚——”的声音，下方的磬则像小溪流水，叮叮咚咚，清脆动听。另一边，还有鼓声喧天，舞者们随着鼓点跳跃、旋转，简直就是一场美妙的音乐会现场！

喝酒喝出新花样：王羲之在《兰亭集序》中描述的“曲水流觞”可是古代贵族的经典玩法！清溪之畔，一只只耳杯顺流而下，漂到谁面前，谁就拿起一饮而尽，并要乘着酒兴吟诗咏怀，真是风雅至极！你知道吗？那耳杯也是重要的漆器，又称羽觞，是古代的盛酒器具，在马王堆汉墓中出土了九十多件，足以说明当时酒文化是多么的盛行！

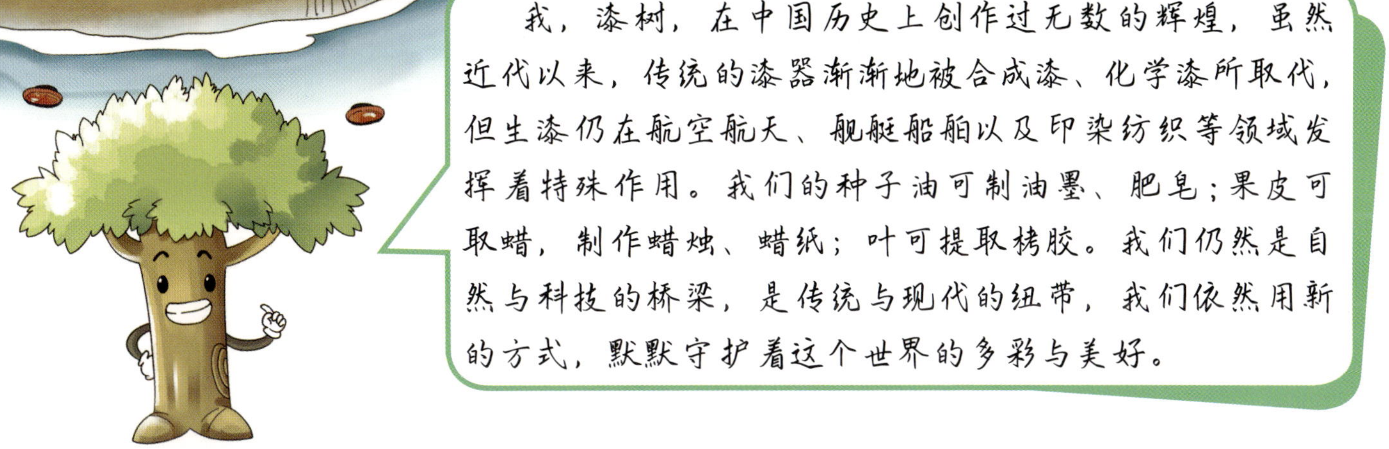

青檀：书写千年宣纸传奇

植物小档案

姓名：青檀
学名：*Pteroceltis tatarinowii.*
别名：翼朴
家族：大麻科青檀属
花期：3—5月
果期：8—10月
产地：我国华北、华东、华中、华南、西南等地
用途：观赏、造纸、建材

果实

叶

花

我叫青檀，是中国特有的乔木，能长到 20 多米高。我的树皮呈灰色，小时候很光滑，但长大后就会有不规则的长片剥落。我的果实是翅果（果皮延伸成翅且不开裂），长翅膀是为了把种子送到更远的地方。

我的寿命很长，坚韧是我的个性。在北京昌平南口有一棵 3000 多岁的古青檀爷爷，是我们家族的杰出代言人。这棵千年古檀，生于岩石缝隙之中，树干形态千奇百怪，扭结盘曲，在大自然的雕琢下与岩石合为一体，变成了令人叹为观止的艺术品。

我的木材很坚硬，曾化身为隆隆滚动的车轴，见证了中国勤劳的先民们奋力生活；也曾化身为沉默的大殿椽木，经历了中国历代的兴衰更替。然而自从我被发现可以制造宣纸之后，不仅声名鹊起，内心也变得柔软起来，因为跟着诗人画家们感受了太多的喜怒哀乐、悲欢离合……

从苍翠绿树到柔软宣纸

大家都知道东汉著名造纸术的改进者蔡伦做出了“蔡侯纸”，大大方便了人们的书写，但是这种纸还是有一些缺点的，比如比较粗糙，所以改进造纸方法在相当长的时间里都是一件重要的事情。

相传蔡伦死后，他的徒弟孔丹想保存蔡伦的画像作为纪念，但无论用什么做原料，都无法解决画像纸张泛黄的问题，这让孔丹非常苦恼。直到有一天，他无意中在溪边发现一截青檀，这截青檀在日晒雨淋下茎皮纤维变得修长、洁净如玉，这让孔丹灵光一现，决定用青檀造纸试试，结果真的制造出质地洁白、便于书写的纸张，于是有后人认为孔丹是宣纸始祖。

其实孔丹发明宣纸只是传说，历史上，真正发明宣纸的人叫曹大三。宋末元初，有一个叫曹大三的人为了躲避战乱，带领家族迁徙到安徽泾县的小岭地区。曹家人在小岭以造纸为生，他们经过不断尝试，把青檀树皮和沙田稻按一定比例混合，再结合当地特殊的水质，终于制造出更结实也更柔软的宣纸，泾县小岭一带也因此被誉为“中国宣纸的发祥地”。

值得一提的是，“宣纸”这个词语第一次出现是在唐代。那时候，人们把在宣州一带生产的纸张统称为“宣纸”。其实当时的“宣纸”纯粹是以地名命名的，和用青檀制作的、真正意义上的宣纸并不是同一种纸，它们只是名字相同而已，大家不要混淆哦！

青檀树皮

沙田稻

制作宣纸的主要材料：
青檀树皮和沙田稻

宣纸的发展，也是一段不断改进的旅程，充满了匠人们的智慧和坚持。后来的匠人们经过多年的努力，终于在明代宣德年间打造出一款令皇帝非常满意的宣纸。这种宣纸一经面世，大受欢迎，古代许多优秀的文学书画作品就是以我们青檀宣纸为载体，一代一代流传到今天的！例如清代蒲松龄的《聊斋志异》，就是在好心人的资助下，用宣纸印刷出来，得以保存流传到了后世。

宣纸作为中国独特的手工艺品，被称为“千年寿纸”“国宝”，鲁迅、郭沫若都曾对宣纸有很高的赞誉。

鲁迅说：“印版画，中国宣纸第一，世界无比，它温润、柔和、敦厚、吃墨，光而不滑、实而不死，手拓木刻，它是最理想的纸。”

郭沫若说：“宣纸是中国劳动人民所发明的艺术创造，中国书法与绘画离了它，便无从表达艺术的妙味。”

再告诉你一个好消息，2009 年 10 月宣纸制造法被联合国教科文组织列人《人类非物质文化遗产代表作名录》，也就是说，青檀制造宣纸的技术已经成为非常难得的“中国名片”啦！

皂荚：古人的天然"香皂"

花

枝刺

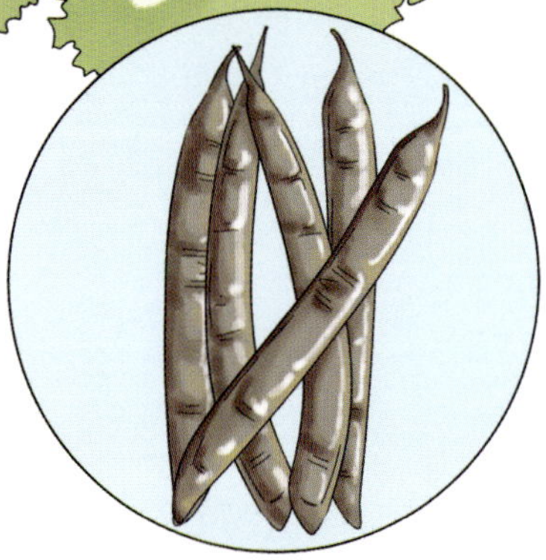

果实

植物小档案

姓名：皂荚

学名：*Gleditsia sinensis*

别名：刀皂、牙皂、猪牙皂、皂角、三刺皂角

家族：豆科皂荚属

花期：3—5 月

果期：5—12 月

产地：中国特有植物，产于河北、山东、河南、山西、陕西、甘肃、江苏、安徽、浙江、江西、湖南、湖北、福建、广东、广西、四川、贵州、云南等省区

用途：药用、食用、经济，果实可做洗涤剂

我是皂荚树，小名皂角，从前我是一棵默默无闻的树，后来因为聪慧的古人发现了我的秘密，我一下子就变成了“干净”“清洁”的代名词!

我最大的秘密藏在我的果实——皂荚荚果（皂角）里。每到秋天，这些棕色的豆荚就会沉甸甸地挂满枝头。别看它们长得普通，里面可含有丰富的皂苷哦！这皂苷便是我的“变身法器”，它具有良好的去污力。就这样，我摇身一变，成了家家户户的清洁小能手。

我身上还有一件厉害的武器——坚硬的刺。别误会！我可不是故意要扎人的，这只是大自然送给我的“防护服”。有了它，小动物们就不敢随便咬我、抓我啦，我就能安安心心地开花结果了。

在中医的世界里，我全身都是宝贝，我的刺、树皮和根都有神奇的药用价值。我是不是特别厉害呀?

古代香皂诞生记

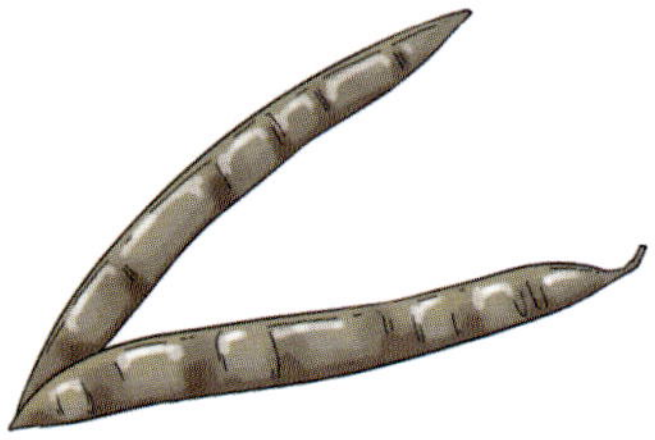

作为一棵承载着历史记忆与自然智慧的皂荚树，我见证了人类清洁方式的演变与回归。

在久远的古代，我静静矗立在广袤的大地上，看着人们用泥土、草木灰与淘米水来清洁衣物。直到秦汉时期，一个不经意的发现，让我的果实——皂角，成为改变清洁方式的奇迹。皂角一经研磨，便能在水中幻化出细腻的泡沫，那去污之力，可以让衣物重焕新生，也可以让沐浴带来前所未有的清爽感受。

时光飞逝，到了宋代，人们将我与面粉、香料巧妙融合，创造出了小巧玲珑的“肥皂团”，方便且实用。李时珍的《本草纲目》中，更是详细记载了它的制作工艺，让这份智慧得以传承。人们因它独特的香气，亲切地唤它为“香皂”。

岁月流转，明清时期，香皂更是成了富贵之家的必备之物。《红楼梦》中就多次提及。然而，时代的车轮滚滚向前，清朝末年，西方工业化生产的香皂涌入中国，其低廉的价格迅速赢得了市场，传统香皂逐渐被取代。

但自然的魅力从未真正消逝。如今，身边化学清洁剂充斥，人们开始怀念那份源于自然的纯净与温和。我又重新回到了人们的日常生活中。我的果实被提炼成精华，融入各种天然洗涤用品、护肤品，乃至环保家居清洁产品中，继续守护着人类的健康与家园的清洁。

鲁迅百草园里的真假皂荚树

我曾在鲁迅笔下被赋予生命，与碧绿的菜畦、光滑的石井栏、紫红的桑葚共同编织着这位伟大的文学家童年的记忆。在《从百草园到三味书屋》的字里行间，我不仅是那片乐园的一部分，更成为鲁迅心中永恒的风景，引发了学术界对我身份的激烈探讨。

我的存在，不仅是一棵树那么简单，它承载着周家兄弟的情感与回忆。鲁迅先生的弟弟周作人先生在《鲁迅的故家》中提到我，说我是“结‘圆肥皂’的皂荚树”，这个表述虽让后世学者产生了些许疑惑——认为“圆肥皂”应该是无患子之果，不是我的果实。但这份误解，在我看来，更像是对过往岁月的一次温柔抚摸，它让人们更加关注我与鲁迅先生的不解之缘。

无患子
长啥样？

科普小讲堂

在我国古代，还有一个洗涤界的翘楚叫无患子，它有着“洗手果”“肥珠子”“肥皂树”等美名。无患子与皂荚的果实很好区分，它的果实是圆形的，看着有点像桂圆，而皂荚的果实是长长的荚果。尽管皂荚声名远扬，但无患子的清洁能力也是出类拔萃的，不信你可以亲自试试。

事实上，经过一番细致的考证，人们发现鲁迅先生并没有记错。他所说的“圆肥皂”，并不是指我树上的果实，而是指利用我的果实皂角，经过精心加工制成的圆形清洁用品，即前文提到的“肥皂团”。

如今，在这片充满故事的百草园内，我又以新生的姿态被补种于此。我站在这里，见证着时代的变迁，也见证着人们对自然、对文化、对历史的尊重与传承。

红豆：
跨越千年的相思

不瞒你说，作为一粒红豆，我觉得人类挺奇怪的，因为他们特别爱用植物来表达情感。在人类眼里，兰草代表洁身自好、菊代表坚强、竹代表谦虚……至于我们红豆嘛，代表的则是相思。豆子是怎么和相思扯上关系的呢？这就得说说发生在唐代的一桩故事了。

话说唐代有个被称为“诗佛”的诗人，他的名字叫王维。王维年少成名，才华横溢，诗写得好，音律天赋也很高。王维和被称为“乐圣”的李龟年因音乐而结缘，两人友情渐笃。王维专门为李龟年创作了一首《相思（江上赠李龟年）》，歌词仅有短短二十个字，却以其热烈、明快而含蓄的意蕴，迅速成为席卷江南的热门歌曲。

相思相忆最红豆

红豆生南国，
春来发几枝。
愿君多采撷，
此物最相思。

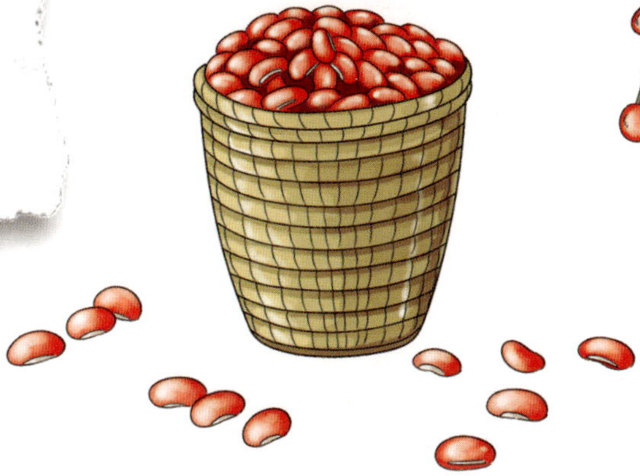

然而安史之乱爆发之后，李龟年流落至湖南潭州，在筵席间再度唱起这首《相思》时，满座听众跟随歌曲回忆起昔日大唐的繁华，想到家国飘零的现实，无不掩面而泣，李龟年思及自己的经历更是忧思欲绝。在这之后，人们看到我们红豆，都会想到王维的诗句。小小的红豆见证了诗人和乐师的友情，也就成了相思之情和对故国身世之慨的化身，承载了一个时代的文化情感。

红豆大家族

故事说到这里，你一定好奇我们红豆到底长什么样子吧？我只能告诉你，豆科豇豆属、海红豆属、相思子属和红豆属植物里，能结红色豆子的都能叫“红豆”。是不是很奇怪？都怪古人给植物命名很随便，结果在不同地方，人们口中的“红豆”都不尽相同，再加上我们“红豆”是个大家族，所以直到今天，诗中的“相思红豆”到底是哪种植物，都难以有个确切答案。不过，今天我特意请来了几位人气很高的兄弟姐妹，大家来评评看，谁才是真正的红豆？

“食”力派红豆

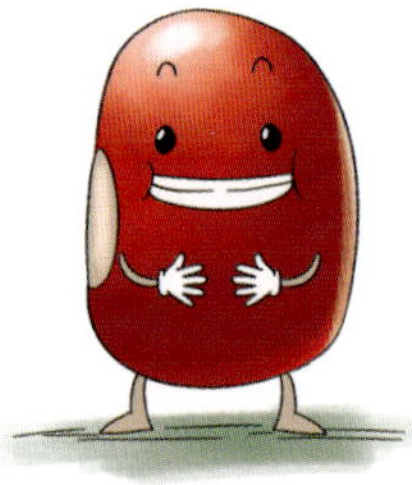

赤豆

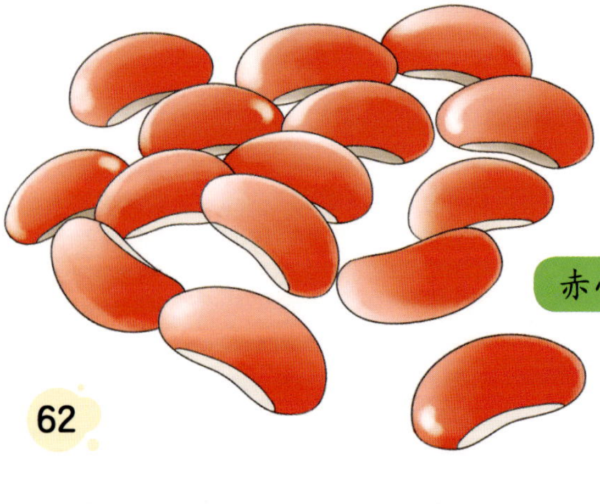

赤小豆

首先亮相的是赤豆和赤小豆兄弟。这对兄弟都是豆科豇豆属草本植物。哥哥赤豆直立生长，一年结果；弟弟赤小豆体质稍弱，需要依靠长长的茎攀缘生长，结出果实也需要一年半。从果实外观来看，两兄弟也很好区分：赤豆哥哥更圆润，赤小豆弟弟则扁长一些。

每年夏秋之际荚果成熟，人们就把兄弟俩变着花样请上餐桌：红豆粥、豆沙馅、豆沙包、赤豆冰棒……里头有你爱吃的不？除了味道好，赤豆兄弟还可以帮助虚弱、浮肿的人滋补身体、调理脾胃，好吃又有营养的“食”力派红豆非他俩莫属！

颜值派红豆

接下来出场的是相思子姐姐。她来自相思子属，可是红豆大家族里的颜值担当呢！相思子姐姐娇羞艳丽，结出的果实玲珑漂亮。果实上部 2/3 为鲜红色，余下的果实底端点缀着黑色。

你可别因为外表而小看了相思子姐姐，她可是很要强的。如果周围没有她想依靠的植株，她独立生长可是一点问题都没有。更厉害的是，相思子的叶、根、种子都有毒，其中种子毒性最大。如果不小心把它吃到肚子里后果可是很严重的，搞不好会丧命！从这一点上看，相思子姐姐实在不应该是诗人“愿君多采撷”所指之物。

“强壮”的红豆

海红豆弟弟已经迫不及待要和大家展示自己的健美身材了。海红豆和相思子姐姐一样，喜欢住在温暖湿润的地方。它属于海红豆属的高大落叶乔木，能够凭借自己的力量长到20米高，是红豆中最“强壮”的一个。

让人没想到的是，“糙汉子”也有细腻的时候。在花期，海红豆弟弟会默默绽放出特别细小的花，一般是白色或者淡黄色，形状如穗，仔细闻闻还有淡雅的花香呢。到夏末秋初，它会结出螺旋状的荚果，裂开后露出一颗颗鲜红色的豆子。这些豆子很容易分辨，它们就像心心相印的红宝石，表达着海红豆弟弟笨拙的情意。

和相思子姐姐比起来，海红豆弟弟其实温和得多。他的毒性更弱，他的种子晒干后，可以入药，还有润肤祛斑的功效。正是出于这些特点，很多人觉得“铁汉柔情”的海红豆弟弟更符合相思豆的特征。

濒危的“红豆”

躲在最后出场的是来自红豆属的红豆妹妹。她的生长地从地理方位上讲，就是汉唐时代的三楚、江汉一带，倒是和诗中的“南国”对上了。红豆妹妹同样是一种高大的乔木红豆树。她特别可爱，花瓣像白色或浅红色的蝴蝶，结出的果实也是小小短短的荚果，内有一到两颗椭圆形或圆形的红豆。别看豆子不多，这也是红豆树历经 30~50 年才能孕育出的珍贵果实，所以红豆妹妹的繁衍特别艰难。

红豆妹妹是红豆家族里非常杰出的一员。她的木材坚实，且有美丽的花纹，也被称为花梨木。花梨木是一种珍贵的木材，不幸的是由于人类肆意砍伐采撷，红豆树已成为国家二级保护植物。

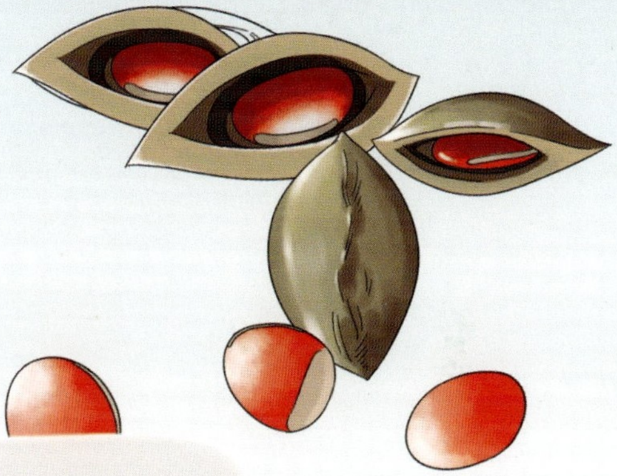

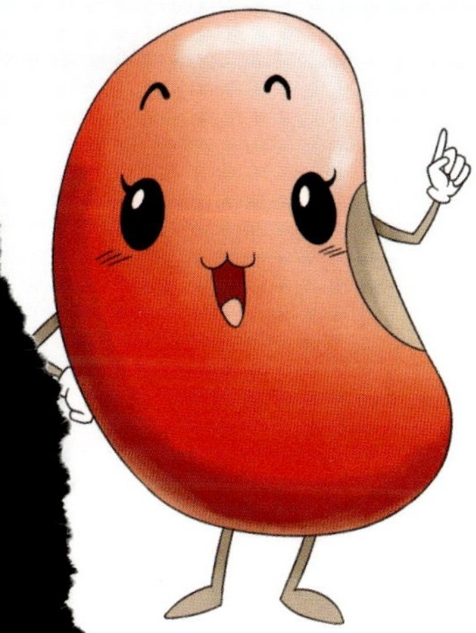

我的兄弟姐妹中谁才是诗中真正的“红豆”，相信大家已经有了判断。有人在问万一错了怎么办？

哈哈，我的回答是——错了也完全没关系！

在我看来，就算没有办法确切地知道王维所指的是我的哪个兄弟姐妹，但这并不影响人们用我们“红豆”来传情达意，道尽相思。

一起解密
植物背后的中国故事

“码”上跟随
AI植物学家

1 听播客 涨知识

收听植物故事，加深记忆。

2 玩游戏 学得进

趣玩消消乐，爱上学习。

3 理图谱 懂得快

梳理核心知识，加速理解。

4 有疑惑 直接问

对话好奇博士，拓展知识。

植物里的中国故事

粮食作物篇

顾问●傅廷栋　主编●刘宏涛　张莉俊

長江出版傳媒
湖北科学技术出版社

图书在版编目（CIP）数据

植物里的中国故事．粮食作物篇 / 刘宏涛，张莉俊
主编．-- 武汉 ：湖北科学技术出版社，2025. 9.
ISBN 978-7-5706-4313-4
Ⅰ．Q94-49
中国国家版本馆 CIP 数据核字第 2025AR5089 号

植物里的中国故事·粮食作物篇
ZHIWU LI DE ZHONGGUO GUSHI LIANGSHI ZUOWU PIAN

责任编辑：罗晨薇
责任校对：童桂清　　　　封面设计：喻　杨

出版发行：湖北科学技术出版社
地　　址：武汉市雄楚大街 268 号（湖北出版文化城 B 座 13—14 层）
电　　话：027-87679468　　　　邮　　编：430070

印　　刷：湖北新华印务有限公司　　　　邮　　编：430035

787 毫米 ×1092 毫米　1/12　　5.5 印张　100 千字
2025 年 9 月第 1 版　　2025 年 9 月第 1 次印刷
定　　价：198.00 元（全四册）

“植物里的中国故事”丛书

编委会

读植物故事，品中华文明

翻开这本书，如同开启一场穿越时空的文化之旅。那些看似平凡的植物，实则是中华文明五千年智慧的密码本。一株柳树，承载着多少离愁别绪；一枝寒梅，凝结着多少文人风骨；一粒黍米，丈量着多少文明尺度。这些静默生长的生命，恰如渊博的智者，把中华文化的深邃与博大向我们娓娓道来。

“植物里的中国故事”丛书选取了 40 种具有中国特色的植物，在这 40 种植物的年轮里，镌刻着先人对自然的敬畏与智慧。当代青少年生活在数字化的浪潮中，更需要这种扎根大地的文化滋养。当你们了解苏轼为何“宁可食无肉，不可居无竹”时，领悟的不仅是一种植物特性，更是一种精神气节；当你们读懂“薏苡明珠”的典故时，收获的不仅是一个成语，更是一面照见人性善恶的明镜。这些植物故事就像一把把钥匙，能打开传统文化宝库的大门，让抽象的文化概念变得可触可感。

希望这套书能成为你们探索中华文明的起点。当你们在生活中遇见这些植物时，看到的将不仅是花草树木，更是流动的历史、活着的文化。愿你们以这些植物故事为媒，建立起与传统文化的情感联结，让中华文明的根系在新时代继续茁壮生长。

中国工程院院士

华中农业大学教授

傅廷栋

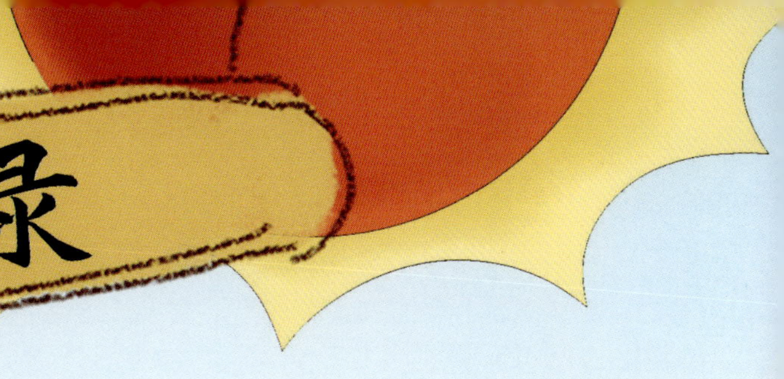

目 录

黍：能做度量衡的尊贵谷物

植物小档案

姓名：黍

学名：*Panicum miliaceum*

别名：糜

家族：禾本科黍属

花果期：7—10月

产地：中国各地山区都有栽培，新疆偶见有野生状的。亚洲、欧洲、美洲、非洲等温暖地区都有栽培

用途：食用、酿酒

黍米

果实和种子

我的名字叫黍，在商朝的甲骨文中，黍的字形就像谷穗散开后下垂的样子。在古代，我是重要的农作物之一。我的果实磨碾后即成为黍米，俗称黄米，是古人重要的主食。我来到人类社会的历史可悠久了，考古人员在新石器时代的遗址里面就发现了我的踪迹。

甲骨文		金文	秦篆	汉隶

我可是中国北方最早被驯化的作物之一。约 8000 年前，人们就发现了我的种子。虽然产量不高，但我长得快，不容易生病，就算在干旱贫瘠的土壤中，仍然能维持较为稳定的产量。因此，我在中国北方担任了几千年的主粮，地位自然也就很尊贵啦。

不少古代的典籍里也有我的身影，比如《尚书·盘庚上》中有“越其罔有黍稷”的记载，还有《诗经》中也有“硕鼠硕鼠，无食我黍”“彼黍离离，彼稷之苗”等的诗句。其中“黍离”成为历代文人感叹亡国触景生情常用的典故，后衍生为“黍离之悲”。

科普小讲堂

如何区分黄米与小米？

不知道你平时有没有注意到，黄米与小米的外形很像，容易混淆，但可以从以下几个方面进行辨别。

首先是来源不同，黍去皮后即为黄米，粟去壳后即为小米。黍和粟是两种植物，外形、习性均有较大区别，最明显的区别就是粟穗主要是棒状的，而黍穗非常松散。黍的种子表面以褐色为多见，少量为浅黄色，粟则以浅黄色为主。还有就是黍非常早熟，粟的成熟期则比较晚。

其次，从米粒外观上看，黄米颗粒较大，色泽淡黄，形状饱满圆润；而小米则颗粒较小，颜色为黄色或金黄色，形状扁平。

最后，口感与食用方法也不同。黄米煮熟后黏性较强，除了煮饭熬粥，还可以制作黏豆包、粽子、炸糕、年糕等，而小米的口感更加细腻，但黏度较低，因此更适合煮饭熬粥。

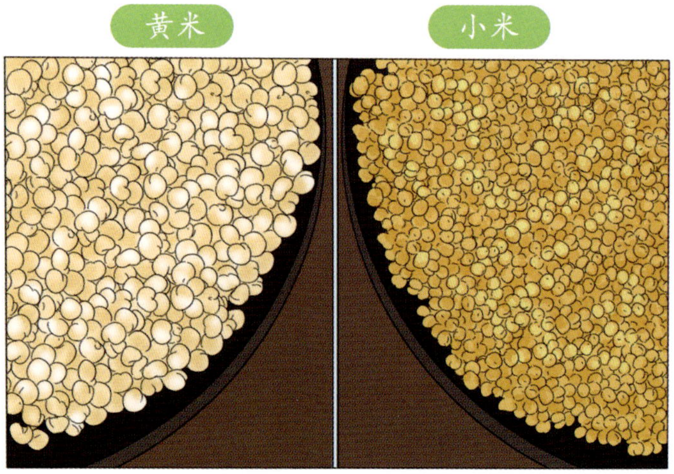

北方传统小吃，黄米做的油炸糕

古代人常用黄米做粽子，所以粽子又叫角黍

古代的高级祭品

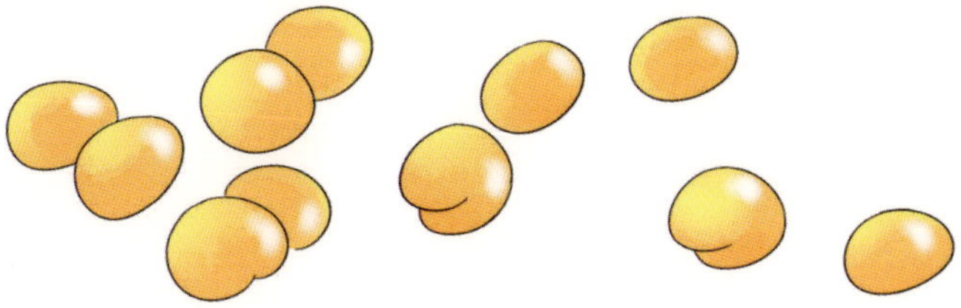

大家想知道，我在中国古代政治上有着怎样显赫的地位吗？

古代帝王最荣耀的时刻便是封禅，通过祭祀天地，才算真正受命于天而治理人世。封禅的条件要求特别高，必须国泰民安、天降祥瑞才行，并不是每个皇帝都可以行封禅。我国历史上只有秦始皇、汉武帝、隋文帝、唐高宗、宋真宗等几位皇帝进行过封禅，人数相当稀少。

在封禅这样隆重盛大的活动中，祭祀天地需要四种祭品，代表着四方臣民的宾服，这就是“西鹣（jiān）东鲽（dié），南茅北黍”，也有“古之封禅，鄗（hǎo）上之黍，北里之禾”的说法，即鄗上的黍、北里的禾，江淮的茅，以及东海的比目鱼和西海的比翼鸟。我被选中作为皇帝封禅的祭品之一，可见我的地位有多高了。

天生的度量衡单位

你知道“不差累黍”吗？这个成语形容丝毫不差，非常精确。为什么用黍呢？那是因为我在古代还是度量衡单位。虽然秦始皇统一了度量衡，但对度量衡统一真正有影响力的是西汉的刘歆。他在《汉书 · 律历志》中对重量、容积、长度做了详细描述，而且都是通过累列或累积黍粒来测量的。从重量来说，100 个黍粒重为一铢；从容积来说，1200 个黍粒为一龠（yuè）；从长度来说，横排 100 个黍粒为一尺之长，也就是黍尺。这是第一次以黍为标准制定度量衡，在中国度量衡史上有重要意义。

为什么要选择我为度量衡的标准呢？这是因为我的种子个头都差不多，而且我是当时华北一带最重要最普及的农作物，家家都有，人人都熟悉。我真是天生当度量衡标准的料呀！

鸡黍之约

大家都听过“故人具鸡黍，邀我至田家”这两句耳熟能详的诗句吧。这里面的“鸡黍”就是以鸡作菜、以黍作饭的意思。而且，“鸡黍”二字中还深藏着一个动人的典故。

据范晔《后汉书·范式传》记载，范式和张劭是好朋友，两人为太学同窗，学业完成临别时，相约两年后范式到汝南拜见张劭父母，看望张劭。约期将至，张劭就让其母亲杀鸡备黍，等待好友到来。到这天，范式果然不负邀约，如期而至。二人把酒言欢，相别而去。

后来，张劭病重去世后托梦给范式，希望能来安葬他。范式醒后，痛哭流涕，赶忙出发。他日夜兼程，终于在张劭下葬前赶到，完成了好友的遗愿，给我们留下了“鸡黍之约”的千古佳话，黍也成为两人深厚友谊的见证。

现在大家认识我了吗？如今我虽没有过去那么“风光”，但我的文化已经刻入了国人的基因之中。大家记得品尝用我做的美食哦。

粟：金灿灿的五谷之首

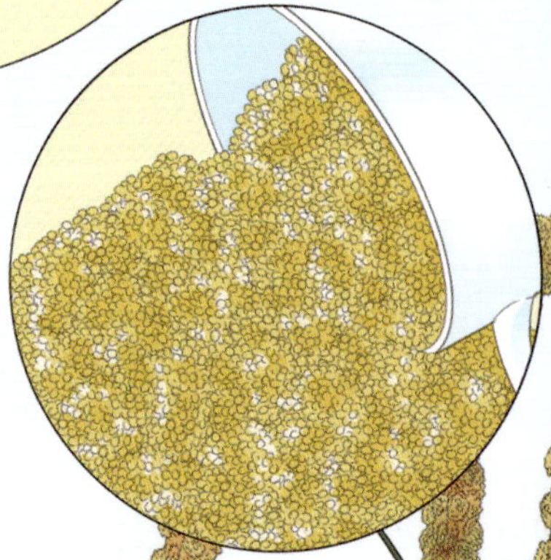

植物小档案

姓名：粟

学名：*Setaria italica* var. *germanica*

别名：谷子、小米

家族：禾本科狗尾草属

产地：中国南北各地均有栽培

用途：食用

我是粟，不过大伙儿更爱叫我“小米”。没错，就是家里常喝的黄灿灿、香喷喷的小米粥里的小米。如今我不过是一种杂粮，但在唐朝之前，我都是北方人民的主粮，是五谷之一。粱与我来自同一家族，我们长相相似，不过仔细看还是能看得出区别：我的身高比粱矮一些，谷穗更短小密集一些。

看过我的照片之后，是不是有一种熟悉的感觉呢？这是因为今天小径旁、原野上随处可见的狗尾草，与我是同一个祖先！ 8000多年前，聪明的人类开始在黄河中下游地区驯化原始的狗尾草，他们不断挑选出更大更饱满的狗尾草籽，经过无数次的优选，我终于变成了如今的模样。

作为一种地地道道的本土作物，我耐干旱、耐盐碱，在农田水利设施不够发达的历史时期，比起原产于西亚地区的小麦和原产于中国长江中下游地区的水稻，我更适合在中国北方地区广泛种植。

狗尾草

公孙弘
请用餐。
高贺
怎么就给我吃这个？
公孙弘看着勤俭节约，实际上吃的都是山珍海味！

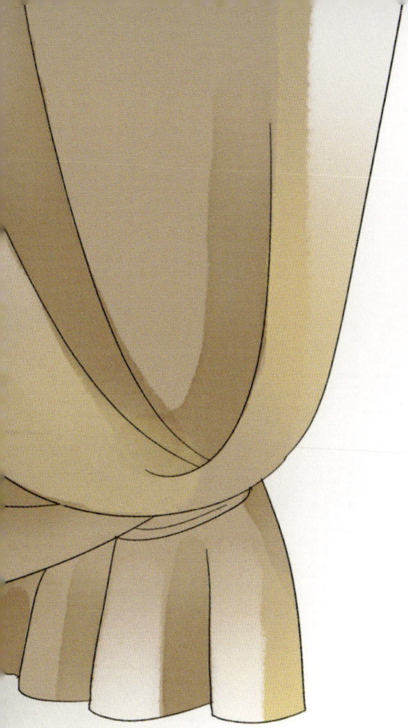

“菜根精神”的象征

在古时，人类就学会了把我加水蒸着吃。我成熟后有一层外壳，把这层壳去掉后，蒸出来的干饭一般叫作“脱粟饭”。和大米口感不同，用我们小米蒸出来的饭比较粗糙，但在物资匮乏的情况下，脱粟饭是北方普通老百姓的常见主食，也是“菜根精神”的象征。

汉武帝时有一个著名的布衣宰相公孙弘，他身居高位，生活却相当简朴，吃着和普通老百姓一样的脱粟饭。据说他有个老朋友叫作高贺，听说公孙弘当了大官，就去投奔他做了门客。公孙弘给高贺安排和自己同样的生活待遇，结果高贺很不高兴，心想：“亏你还是老朋友呢，就给我吃脱粟饭，盖麻布被子，难道我自己家没有吗？”他在外面到处造谣说：“别看公孙弘穿着麻布衣，其实里面穿的是锦缎貂裘；他每餐饭表面上只有一个菜，其实背地里吃着山珍海味呢！”一时间，人们轻信了高贺的谣言，纷纷怀疑公孙弘，认为他为人矫情虚伪。面对人们异样的目光，公孙弘无奈地叹息说：“宁逢恶宾，勿逢故人。”

这个故事说明了交友要谨慎，但也揭露了一个事实，脱粟饭并不好吃。但是富贵人家为了让脱粟饭变得好吃，有的在里面加入红枣等干果，还有的在饭上浇一层油膏饴糖，做成香甜的“膏粱饭”。后来指出生于富贵人家的“膏粱子弟”就出于此。

“黄粱一梦”终须醒

作为普通百姓的主食，我还见证了“黄粱一梦”的故事。

唐朝传奇小说《枕中记》中写了这样一个故事：开元七年（719 年），一名姓卢的书生赶考落榜，郁郁不得志。归途中，他在客店里遇到道士吕翁，忍不住向对方哀诉穷困的家境和无望的未来。于是，吕翁便拿出一个瓷枕让他枕上睡一觉。卢生倚枕而卧，很快就进入梦乡。在梦中，卢生娶了出身豪门的妻子，中了进士，当上了大官，还被封为燕国公，一生享尽荣华富贵、儿孙满堂。活到 80 岁，梦中的自己断气时，卢生突然惊醒，坐起左右一看，自己仍在投宿的客店之中，连入睡前店主人蒸的小米饭都还没有熟呢。

耳熟能详的成语“一枕黄粱”“黄粱一梦”“黄粱美梦”均出于此，用来比喻虚幻不能实现的梦想。

位于故宫西南侧的社稷坛，是中国现存最为完整的古代皇家祭祀太社（代表土地）和太稷（代表谷物）的祭坛

小米里的“江山社稷”

在中国历史上，我其实还有一个更加响亮的名字——“稷”。中国自古就有五谷的说法，通常认为五谷为“稷、黍、麦、麻、菽”或“稻、黍、稷、麦、菽”。二者的差别是一者有麻无稻，另一者有稻无麻，但不论哪种说法，都少不了稷。稷即小米，在很长一段历史时期，都是最重要的粮食。

东汉的班固在《白虎通义》里指出人们能有饭可食，离不开土地和五谷，“故封土立社，示有土也；稷，五谷之长，故立稷而祭之也”。因此，中国古代习惯将王朝江山称为“社稷”，社指土神，代表土地，稷指谷神，代表小米等谷物。

小小的小米，对于中国人却有着大大的意义。

进入现代社会，绝大多数人都能吃饱穿暖，小米仍然是人们生活离不开的重要粮食。由于富含磷、镁、钾等元素，小米可以帮助人类调节消化不良、补充维生素，是养胃健脾的天然营养品。明天要不要来碗香甜软糯的小米粥尝一尝呢？

菰：曾经的“米中之王”后来的美味蔬菜

植物小档案

果实

花

姓名：菰（gū）

学名：*Zizania latifolia*

别名：菰笋、菰首、茭首、菰菜、茭白、茭笋

家族：禾本科菰属

花期：4—8 月

果期：6—9 月

产地：在中国主要分布在长江流域以南各地，华北地区有零星栽培。亚洲温带地区、欧洲，及俄罗斯有分布

用途：食用、药用

大家好，我叫菰，是中国古代重要的谷物之一。在《周礼·天官·膳夫》中记载了古代“食用六谷”为“稌（tú）、黍、稷、粱、麦、苽（gū）”，其中苽，就是我脱壳后的颖果菰米，又叫“雕胡米”，用我做成的饭叫“雕胡饭”。

大家知道我长什么样吗？明朝李时珍曾经在《本草纲目》中描绘过我，我的果实由颖（外壳）与颖果组成，大如茅针，有着黑褐色的皮肤，拨开外壳，就能露出来雪白而滑腻的菰米。用菰米煮成的饭，颗粒细长，滑而不黏，爽而不干，清香味美，是当时人们都很喜爱的粮食。哪怕到了唐宋之后，我已经被水稻取代，还是有很多人回忆我。明朝的高濂也提到用我做饭“香不可言”呢。

在古代，我除了作为粮食，对于促进消化、增强免疫力、抗氧化和调节血糖血脂等也有一定的功效。此外，我还被上层阶层制作成珍贵佳肴，更是作为贡品进献给皇家。这下大家知道我的来历了吧。

让李白永远铭记的雕胡饭

我在古代粮食中占有重要的地位，用菰米做成的饭不仅能充饥果腹，而且芳香甘滑，因此深受文人墨客的钟爱。其中最著名的当属李白对我的赞美了。

“诗仙”李白一生充满传奇色彩，他的诗豪放、飘逸、侠义、孤独、励志、狂傲……然而，他跟我的缘分则是一个温情的故事。李白晚年因永王兵败牵连入狱，后被流放。在辗转漂泊期间，他深感世态炎凉。落魄之际，一位农妇的雕胡饭让他感动不已，写下了这首《宿五松山下荀媪家》：

我宿五松下，寂寥无所欢。
田家秋作苦，邻女夜舂寒。
跪进雕胡饭，月光明素盘。
令人惭漂母，三谢不能餐。

农妇荀媪将一盘精心准备的饭食恭敬地呈递给李白。在皎洁的月光下，那盘中的雕胡饭（唐朝招待贵宾的首选）显得格外诱人。

在动荡不安的岁月里，一户清贫的农家却倾其所有，以最珍贵的食物，热诚而慷慨地招待了他。此情此景，使李白心中激荡着深沉的情感，他不禁联想到古代韩信受漂母之恩后，在功成名就时以一饭千金相报的故事。然而，反观自己，虽怀抱壮志，却报国无门，郁郁不得志，如今更是身处贫病交加的晚年。对于这份难以回报的深情厚意，他心中充满了歉疚和感激。于是，他连连道谢，却迟迟不肯动筷，心中交织着惜食与感恩的复杂情感。

“跪进雕胡饭，月光明素盘。”这是李白以一种迥异于他一贯豪放飘逸的风格，创作出的不朽诗篇。他运用真挚而深刻的诗句，将贤淑的荀媪和那盘雕胡饭，永远地镌刻在了千年的时光长河之中。

茭白：菰的华丽变身

到了宋朝，粮食的种类越来越多，比如小麦、水稻等，而我的种子容易脱落，产量也不算高，而且容易患上“黑穗病”，导致果实经常减产，甚至颗粒无收。所以我便慢慢地从人们的主食清单中退出了。然而我并没有消失，而是来了一个华丽变身，以“茭白”的形象重新出现在人们的菜单当中。

这是怎么一回事呢？原来呀，我得病之后，失去了开花的能力，原来细长的身体变得又肥又粗，肉嘟嘟的。这本来是我生病后的样子，但人们很快发现，我变胖的茎吃起来居然鲜嫩甜滑，于是我又重新引起了人们的关注，人们还给我取了“茭白”这么美丽的名字。明末史学家张岱给我极高的赞誉：“（法相）寺前茭白笋，其嫩如玉，其香如兰，入口甘芳，天下无比。”到现在，我已成为我国仅次于莲藕的第二大水生蔬菜，也是驰名中外的江南“水八仙”之一。

科普小讲堂

江南“水八仙”是指茭白、莲藕、芡实、慈姑、莼菜、菱角、荸荠、水芹八种水生蔬菜，是江南地区的特色美食。

我以茭白的身份成为很多“吃货”的心头好。南宋著名诗人陆游就对我情深意浓。他的老家绍兴是盛产茭白的地方，因此他写了很多关于茭白的诗。在秋天的田畦中漫步，他感慨道：“今年菰菜尝新晚，正与鲈鱼一并来。”邻人送了他一筐茭白，他吟诗：“稻饭似珠菰似玉，老农此味有谁知？”吃过茭白后，他大加赞赏：“鲈肥菰脆调羹美，荞熟油新作饼香”，“酒香菰脆丹枫岸，强遣樽前笑口开”，“莼羹菰菜珍无价，上钓魴鱼健欲飞”。茭白脆生生的口感令人回味无穷，而且他诗中的茭白比美酒香，比鱼肥，这哪里是吃茭白，分明是品出的一盘盘诗意!

在漫长的历史中，没有任何一位诗人写过这么多有关茭白的诗，茭白产业如果要提一位名人代表，陆游绝对不遑多让。

稻：从野草到超级作物

植物小档案

姓名：稻

学名：*Oryza sativa*

别名：水稻、稻子、稻谷

家族：禾本科稻属

花期：早稻 6 月，中晚稻 7—8 月

果期：早稻 7 月，中晚稻 9—10 月

产地：亚洲热带地区广泛种植，中国南方为主要产稻区，北方各地均有栽种

用途：食用

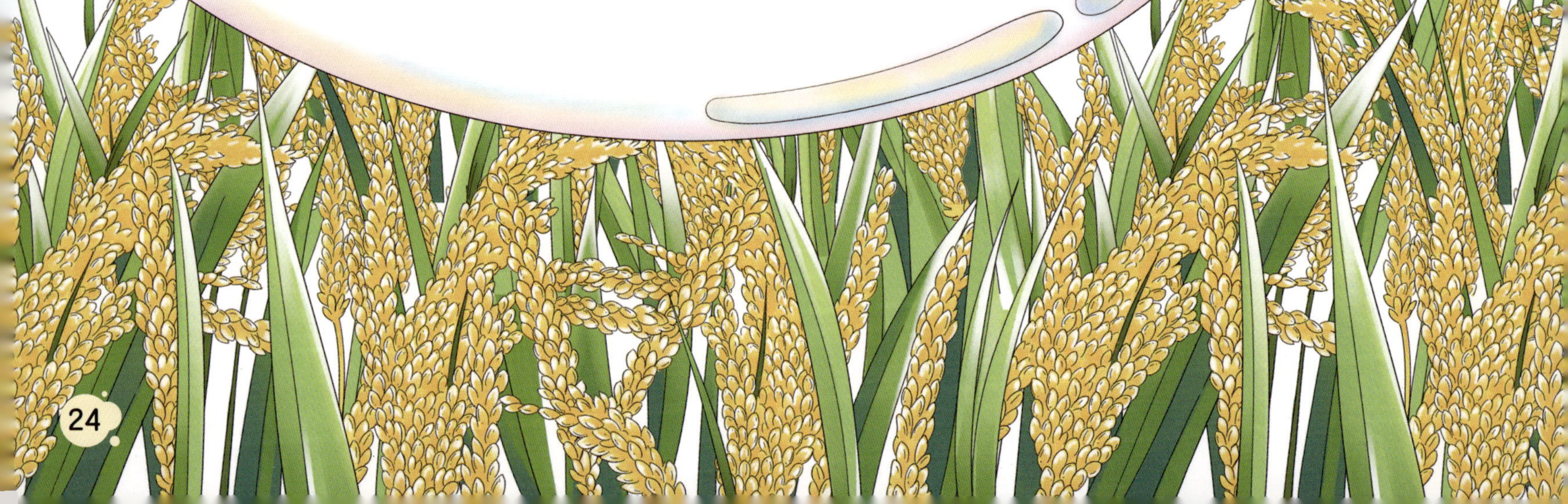

在时光的长河里，有一粒米，它穿越了十万年的风雨，从不起眼的野草，蜕变成滋养全球的超级作物。它是发源于中国的古老作物，是农耕文明的见证者。它就是我，一粒稻米。

十万年前，人类祖先生活在原始森林，以狩猎采集为生。此时，中国长江中下游地区的野生稻——我的祖先，正默默生长。数万年间，我们与人类相伴却无交集。

直到约 2.4 万年前，人类开始采集并利用野生稻，但因其穗小粒瘪，易倒伏，并未成为人类钟情的食物。

约 1.3 万年前，中国古人发现在野生稻的群体中，有几株“特立独行”的稻，它们穗子更大、种子更多，便采集这些稻种进行播种、收获，周而复始，驯化出能结出更多谷粒的水稻。

约 1.1 万年前，驯化成功的水稻登上历史舞台，水稻与人类因此结缘，共生数万年。中国成为最早驯化野生稻的国家，也是稻作文明的发源地。

在中国的神话传说中，我的起源被赋予更神秘的色彩。相传炎帝神农氏拾得丹雀衔来的九穗禾，种植后食者老而不死。神农氏“始教天下耕种五谷而食之”，“始作耒（lěi）耜（sì），教民耕种”。水稻的驯化历程，不仅是人类文明的进步，也蕴含着深厚的文化底蕴。

稻香万年：文明的瑰宝

水稻的种植，让人类从狩猎采集社会步入农耕时代。人们学会了选择水源丰富、土壤肥沃之地开垦农田，修建沟渠、水坝等灌溉系统，确保水稻生长期间水分充足。这一过程不仅促进了水利技术的发展，更催生了定居生活的形成，形成了独特的稻田景观。这些景观不仅美丽如画，更是当地人生活哲学的体现，强调了人与自然和谐共生的理念。

从播种到收割，水稻的种植周期中每一个环节都凝聚着古人的智慧与汗水。插秧季节，家家户户男女老少齐上阵，绘就了一幅生动的田园画卷；丰收季节，人们欢聚一堂，庆祝辛勤的劳动成果，这样的习俗还逐渐演变成了各种传统节日，如端午节、农历新年等，丰富了农耕文化的内涵。

在长期农耕实践中，人们通过观察天象，掌握了四季更替的规律，制定了二十四节气指导农业生产；通过观察水稻生长，总结出“看天吃饭”的农耕智慧结晶。人们还发明了犁、耙、镰刀等农具，提高了农业生产效率；学会用稻谷酿酒、做糕点、编织草鞋等，使生活更加丰富多彩。

水稻能在相同土地面积上产出更多粮食，支持人口快速增长。人口的增加促进了社会分工细化，手工业、商业等领域快速发展，为农耕文明的繁荣奠定了坚实基础。唐朝时，水稻成为人们的主要口粮之一，种植面积大幅提高；宋朝时，水稻熟制从一年一熟提升到一年两熟，总产量跃居粮食作物首位，养活全国一半人口，使宋朝成为中国历史上第一个人口破亿的朝代。

稻“梦”英雄：袁隆平的传奇

在现代农业发展的长河中，有一位英雄人物，他的名字与水稻紧密相连，他就是被誉为“杂交水稻之父”的袁隆平院士。袁隆平院士从小就对水稻有着浓厚的兴趣，他立志要解决中国人的吃饭问题。在长期的科研实践中，他发现了“天然雄性不育株”。经过无数次的尝试，袁隆平院士终于成功培育出了高产、优质的杂交水稻。这种水稻不仅产量高，而且品质优良，极大地提高了粮食产量，解决了中国人的吃饭问题。杂交水稻技术不仅在中国得到了广泛应用，还传到了世界各地，为全球的粮食安全做出了巨大贡献。

袁隆平院士的一生，是与水稻相伴的一生。他常说：“我一直有两个梦，一个是禾下乘凉梦，一个是杂交水稻覆盖全球梦。”如今，中国用不足全球 9% 的耕地养育了全球近五分之一的人口，成为世界第一大粮食国，杂交水稻功不可没。杂交水稻人禾下追梦，端牢“中国饭碗”，一粒种子让“世无饥馑、岁晏余粮”，小谷粒我倍感骄傲。

稻香四溢：舌尖上的旅行

来！手持一张“中国大米美食地图”，准备开始一场说走就走的美食之旅！

一踏入江南，软糯的米糕与鲜美的汤团让江南水乡的梦境都变得香甜。再至岭南大地，砂锅慢炖的大米化身香滑的煲仔饭。在优质大米的产地东北平原，醇厚的米饭与香脆的锅巴让人忍不住再添一碗。云贵高原上，少数民族将美食心得注入香糯的糍粑与独特的竹筒饭中。香浓的米线在巴蜀大地敢于面对麻辣火锅的挑战。嗦一碗米粉是南方人集体的日常仪式感，网友们热衷于讨论，广西、湖南、江西、贵州、云南等地，哪里才是嗦粉“天花板”。

一粒米，变换形态和样貌，衍生出百般滋味，成就四方食事，盛满人间烟火。风味在人间，滋味在心间，有了稻米的陪伴，再绵长的日子都会香甜。

大麦：可以征服青藏高原的顽强作物

植物小档案

姓名：大麦

学名：*Hordeum vulgare*

别名：牟麦、饭麦

家族：禾本科

花期：6—7 月

果期：8—9 月

产地：中国、西亚

用途：食用、饲用、药用、酿酒等

我是大麦，是众多农作物中的一种，因为我适应性强、分布区域广，在世界 150 多个国家和地区均有种植。我的种植面积和总产量仅次于小麦、水稻和玉米，属于世界上第四大禾谷类作物。

如今大家可能对我比较陌生，但是在很久以前，我在作物界有着很高的地位。1999 年，考古学家在以色列地区的奥哈罗遗址发现了距今约 2 万年的野生大麦种子，可见我的起源十分久远。在中国，我的栽培历史也很悠久。《诗经 · 周颂 · 思文》中，有“贻我来牟”（送给我们“来”和“牟”）一词，这里的“来”指小麦，“牟”指大麦。据考证，早在新石器时代中期，古羌族（居住在青海）就开始在黄河上游栽培大麦，距今已有约 5000 年的历史。

我也曾占据过主食的地位，但随着更加优质的水稻、小麦的出现，我的主食地位慢慢被取代。如今，仅在一些特殊地区比如中国的青藏高原地区，我仍是人们重要的口粮，除此之外，我主要被用作动物饲料、啤酒酿造和各种保健食品的原料。

救饥的大麦：我与周文王的故事

虽然现在很少食用我了，但在粮食匮乏的年代，我可是救饥的能手。民间还流传着我与周文王的一段美妙的故事。

相传，周文王姬昌出外访贤，饥饿口渴时，正巧一位农妇经过，便把本是送给丈夫吃的面糊递给文王充饥，文王吃完觉得比皇宫里的山珍海味还要香甜可口。农妇告诉他："春荒三月，青黄不接，只有这芒麦成熟得早，用它可以搭救性命。"这芒麦说的就是我啦，文王称赞我功劳大，应该在所有麦子中占首位，于是将我改名为大麦。

后来，农妇的家乡遭了天灾，夫妻俩到京城投靠文王，文王又想吃农妇做的大麦面糊，可这次却觉得失去了之前的美味。农妇告诉文王："饥时糠也甜，饱时肉也嫌。"文王听后拍案称好，说："贤德人使我明白：饱时不忘饥时苦，富贵常记贫贱寒。"

周文王不仅听取这夫妻俩的忠言，还广招并重用天下贤德人。文王把这种美德一代一代地传下去，从而使周朝江山稳固传承，延续了约 800 年。

廉洁的“大麦粥太守”

由于我口感清淡，古代曾有勤政廉洁的官员，坚持以我为每日的主要食材，寓意和百姓同甘共苦，而我也成了亲民、廉洁的象征。

这位官员就是明朝后期的贺邦泰，他被明朝大臣海瑞称赞为“大麦粥太守”。有一次，海瑞回家乡琼州（现海口）探亲，被邀请到时任太守贺邦泰家中做客，海瑞发现他家每日吃的就是大麦粥以及普通百姓所食的蔬菜。作为“明朝第一清官”的海瑞，看到贺邦泰身居高位，生活如此清苦节俭，钦佩地说道：“真是个大麦粥太守！”同时问他生活为何如此清苦，贺邦泰回答：“琼乡百姓还有比我更加艰苦的，我怎能独自享乐呢？”

这事传出去以后，百姓们都尊敬地称贺邦泰为“大麦粥太守”。贺邦泰在任期间为官清正，政绩卓著，海瑞后来向朝廷上言，赞赏贺邦泰是“廉洁大计卓异第一”。

怎么样，听了这个故事，你是不是和我一样，也很敬佩这位“大麦粥太守”呢？

大麦帮助人类在青藏高原上定居

现在，大部分地区的人们很少直接食用大麦了，但是在中国的特殊地域，有一种大麦可是古往今来最重要的食物。你知道吗？这种大麦耐寒耐旱，是全球海拔最高的粮食作物之一，因为它，人类得以在青藏高原上长久生存，它就是青藏高原上的著名作物——青稞，有着 3500 多年的种植历史。

由青稞制成的糌（zān）粑不但是藏族人民的传统食品，更是藏族文化的重要载体。在喜庆节日中藏族人民还要抛撒糌粑，以示祝福；在庄严的煨桑仪式中，将糌粑与柏枝一同投入桑炉中，化作祈福的芬芳。那悠扬的民谣“你点燃雪笆，我烧起糌粑……”传唱的正是这份独特的民俗文化。

由青稞酿造的酒，则象征着高原的另一种馈赠。无论是日常小酌，还是节庆祭祀，这琥珀色的琼浆都流淌着藏族人民对天地的敬畏、对生活的热爱。千百年来，它不仅蕴含着高原生活的滋味，更饱含着藏族文化的醇香。

大麦——啤酒的生命之源

啤酒可谓是世界餐桌上的重要饮品，而我最著名和最重要的功能是酿造啤酒。

人们用我酿造啤酒的历史，最早可追溯到公元前 4000 年左右的美索不达米亚平原。而在中国，人们用我酿造啤酒的历史也很悠久，考古学家们在西安米家崖遗址发现了新石器时代小型酒坊和我的存在，证明早在约 5000 年前，中国人就会使用我来酿造啤酒了。

在现代，不同国家和地区形成了不同的啤酒风味和品牌，但基本是以我为主要原料，可以说我就是啤酒的生命之源。在中国，虽然古人对当时的啤酒不那么青睐，但随着科技的发展，用我制成的各种啤酒，早已成为国人餐桌上不可或缺的饮品了。

科普小讲堂

我之所以能成为酿造啤酒的主要原料，是由于我发芽时会产生大量淀粉酶，这些酶可以将淀粉降解成一系列的水溶性糖，诸如葡萄糖、麦芽糖、麦芽三糖等，而有了这些水溶性糖，酵母才能大显身手，最后得到我们见到的啤酒。要知道，不是所有谷类都会轻易释出糖类，因此，大麦麦芽成为酿造啤酒的最佳选择。

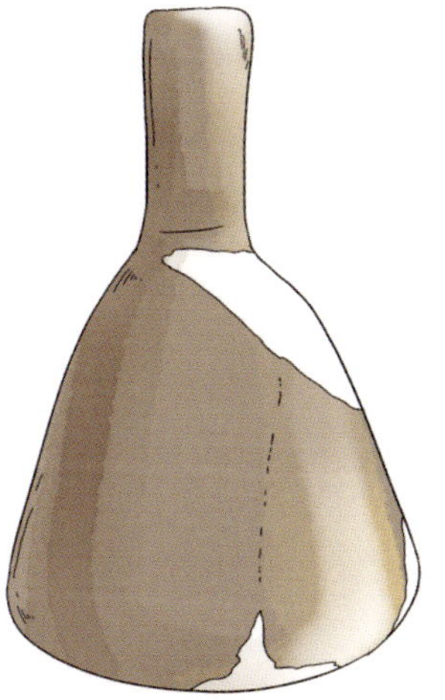

考古学家在米家崖遗址发现的约 5000 年前用于制啤酒的漏斗

小麦：靠石磨逆袭成主粮

植物小档案

姓名：小麦

学名：*Triticum aestivum*

别名：普通小麦

家族：禾本科小麦属

花期：5月

果期：6月

产地：原产于西亚的两河流域，现在中国南北各地广为栽培

用途：食用、药用

我是小麦，你们的老朋友，餐桌上百变又美味的面食大部分都由我制成，世界上三分之一的人口以我为主粮，我的足迹遍布五大洲。我是古老的粮食作物，从最初只结一粒种子，到现在饱含籽粒的麦穗，我与人类携手走过漫长的万年时光。

我来自西亚的新月沃地。距今约 5000 年前，我来到了中国。在这个美丽的国度，我与华夏民族共成长，创造出璀璨辉煌的面食文化，面条、馒头、饼、包子、饺子、油条……由我制成的美食不胜枚举。我参与人生每一个平凡或重大的日子，过生日吃长寿面、过年守岁吃饺子、中秋团圆吃月饼等。这些舌尖上的温暖记忆，将我与人们的生活紧密相连。

古时候，人们用“我行其野，芃芃其麦”来描绘暮春时节的麦田美景。如今，每到初夏时节，你会看到“风吹麦浪”的景象，蔚蓝的天空下，金色的麦穗随风起伏，农民伯伯脸上洋溢着丰收的喜悦。中华大地上到处都能看到我的身影，我热爱生活的这片土地。

各种面食

小麦的逆袭之路

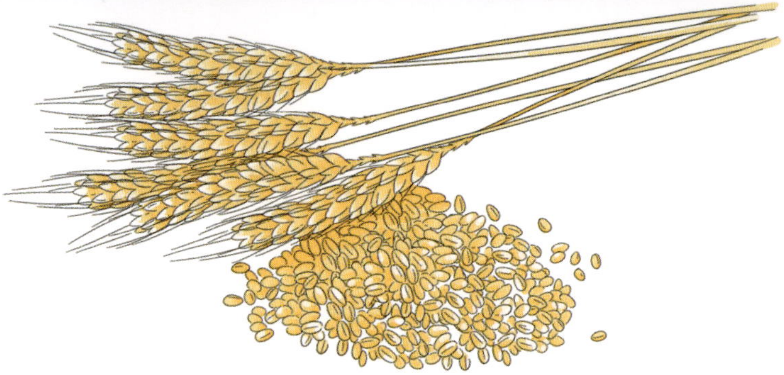

俗话说万事开头难，初来中国的我，在粮食排名里垫底，很长时间被视为杂粮。我知道，想要让人们喜欢我不是一朝一夕能够改变的，需要一个漫长的过程。

古人以“粒食”为传统，无论是北方的小米，还是南方的稻米，都是整粒的煮食或蒸食，而我的表面有一层硬质麸皮，蒸煮难以将麸皮与籽实分离，粗粝的口感叫人难以下咽。即便把我放在石臼里捣碎，仍旧无法摆脱如鲠在喉的颗粒口感。这时候的我，不仅不好吃，还不好种。古代先民最先采用春种秋收的方式种植我，可是我有些水土不服，这里的气候，冬春两季偏干旱，不利于我的果实形成与生长，而夏秋多雨，又影响我的成熟与收获，导致收成欠佳。

在长期的相处磨合中，勤劳智慧的先民摸清了我的脾气秉性——耐寒力强但抗旱力稍差，逐渐摸索出秋播夏收（冬小麦）的种植和灌溉技术，一切开始往好的方向发展。

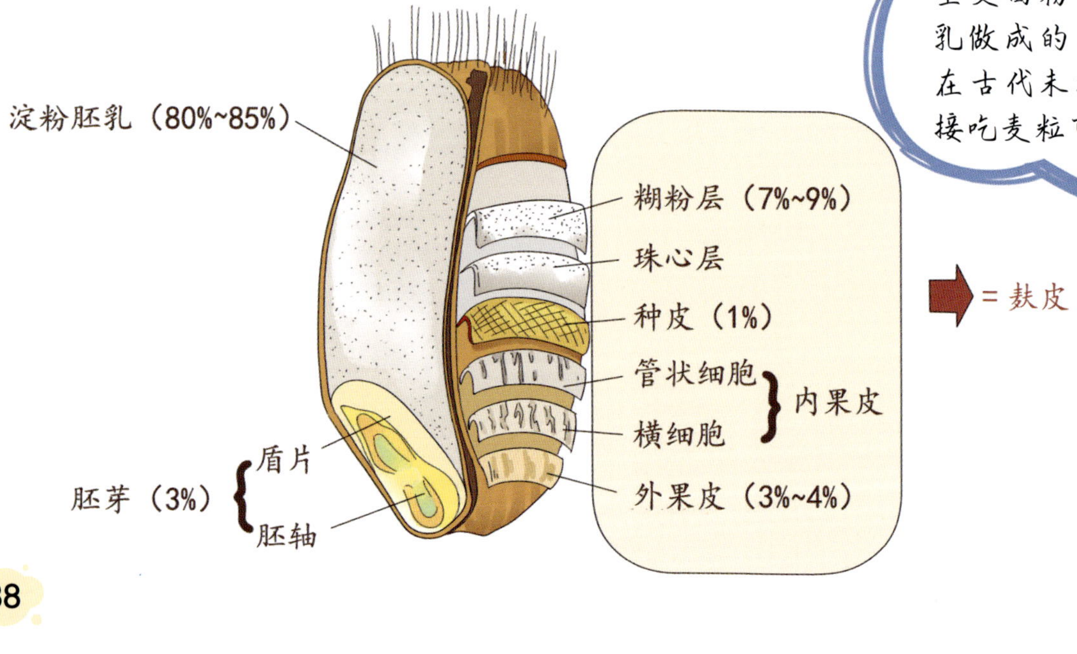

在我的逆袭路上，石磨助我一臂之力。相传，石磨的发明者是大名鼎鼎的“百工圣祖”鲁班。鲁班出生于工匠世家，自幼聪明好学，勤于思考，善于从生活中观察细节、汲取智慧。有一次，鲁班遇到一位正在劳作的老奶奶，扶着杵，吃力地研磨着石臼里的粮食颗粒，他就想能不能发明一种更省力的工具呢？通过反复试验，鲁班用两块坚硬的大圆石，做成了可以将颗粒研成粉末的石磨。转动的石磨，犹如一把神奇的钥匙，解开了困扰已久的难题。

人们把我磨成面粉后可以制作出面条、饼等食物，我变得好吃了，种植面积也随之增加。到宋朝，我越来越受欢迎，已经出现了各种由我制成的花样面食，极大地丰富了人们餐桌上的主食种类。明朝以后，我已代替小米成为北方主粮，形成了“南稻北麦”的农业生产格局。

风雨之后见彩虹，回望这一路播撒希望的历程，我倍感欣慰。

二十四节气里的小麦

二十四节气是中华民族的智慧结晶，不仅指导农民开展农事活动，还包含着丰富多彩的民俗活动。我在二十四节气中也有着重要的地位。

小满的命名，就和我有关。小满是夏季的第二个节气，此时的我，麦粒灌浆，在充沛的雨量滋润下逐渐走向成熟，满而不盈，民谚有“小满小满，麦粒较满”。小满的第三个物候为“麦秋至”，明明是初夏，为什么说是秋天呢？对此，东汉文学家蔡邕（yōng）这样解释：“百谷各以其初生为春，熟为秋。故麦以孟夏为秋。”原来如此，所以初夏是属于我的秋天呀。

夏季的第三个节气是芒种，这里的“芒”源自我的果实外表上又细又硬的刺。这些刺可以保护我不被动物啃食，我和稻、黍等都属于这样一类有芒作物。芒种的“种”，既有收种子也有播种子的含义。芒种是农民最忙的时候，北方忙着收麦子，南方忙着种水稻，过了这一节气，农作物成活率就降低了，所以一刻也不能耽误。

中国人为什么青睐馒头？

在用我做成的各种面食中，馒头最有特色。大文豪兼美食家苏轼将馒头称为“人间济楚”，可见其受欢迎程度。

不过，为什么西方人用来做面包的小麦，到了中国人这里却做成了馒头呢?

首先，受环境和气候影响，中国栽培的小麦大多是籽粒半硬、蛋白质含量中等、面筋强度中等的“中筋小麦”。与此相反，西方则普遍流行种植“高筋小麦”。有烹饪经验的人都知道，高筋面粉非常适合用来制作富有弹性的面包。用中筋面粉制作馒头则是“如鱼得水”，吃起来也软糯可口。

其次，与依赖于烤制的面包不同，馒头的制作依赖于蒸煮。巧合的是，自史前时代以来，中国古人就掌握了蒸煮的技法，有着成熟的蒸煮经验。那么以蒸法制作面食，将面粉加工为馒头就十分自然了。

最后，长期的饮食习惯也让人们更喜爱与中国菜品搭配的馒头，而且，咱们的馒头吃起来更健康呢!

大豆：

富含蛋白质的“植物肉”

根

花

果实

植物小档案

姓名：大豆
学名：*Glycine max*
别名：毛豆、黄豆、菽
家族：豆科大豆属
花期：6—7月
果期：7—9月
产地：原产于中国的黄河流域，现中国各地均有栽培，以东北最著名，亦广泛栽培于世界各地
用途：食用、药用、饲用

我是大豆，小名毛豆，来自古老的中国，已有 5000 多年的栽培历史，和悠久的中华文明相伴而生。我是一种优质的植物蛋白食物，被誉为“植物肉”“绿色的牛乳”。我的根部会长根瘤，还是肥田小能手。

我的古名为“菽”，到了汉代，我有了“豆”之名。说出来你可能不信，最初的“豆”竟是一种用来盛放食物的容器。我为什么从“菽”变成“豆”了呢？大概是因为两者都拥有浑圆的身材，而且“豆”此前经常用来装豆子、豆子做的食物以及食豆的蘸料，久而久之，“豆”字就逐渐取代了“菽”，用来代表农作物大豆。

我还未成熟时叫“毛豆”，成熟后又被称为“黄豆”。我的吃法多样，早先作为主食，古人用我蒸豆粒饭、煮豆粥，后来我被做成豆腐，各种豆制品随即纷至沓来。此外，可以用我磨豆浆、发豆芽、榨豆油，经过发酵后，还可以制成酱油、腐乳、豆豉（chǐ）等一系列调味料。我从一粒豆子衍生出花样繁多的美食佳肴。

战国中晚期的铜深腹圆盘盖豆

战国中晚期的漆木方豆

“毛豆”成熟脱水后就是“黄豆”了

大豆油、酱油

豆浆、腐乳、豆豉

了不起的豆腐是谁发明的？

大家都有这样的经历，吃豆子后，有时会出现腹胀、消化不良等症状，那是我体内的胰蛋白酶抑制素、皂角素等物质在作祟。我被做成豆腐后，就不一样了。不仅这些有害物质被破坏了，还提高了营养利用率，能让绝大部分蛋白质被人体吸收，而且口感变得鲜嫩可口。从豆到豆腐，是一趟我从主食变为菜肴的奇妙之旅。

美味又营养的豆腐，既是中华传统美食，也被端上了各国餐桌，受到世界人民的喜爱，那么豆腐是谁发明的呢？

豆腐的制作过程

相传西汉淮南王刘安是豆腐的发明者。刘安为追求长生不老，长年在安徽淮南的八公山上炼仙丹，仙丹没有炼成，倒在一次偶然中，以石膏点了豆汁，将液体的豆汁变成白嫩的豆腐。谚语“一物降一物，卤水点豆腐”说的便是这个神奇的化学反应，石膏和卤水都属于凝结剂，是做豆腐的点睛之笔，除此以外，还可以使用内酯、白醋点出豆腐呢。

也有人说豆腐是广大劳动人民在长期煮豆磨浆的过程中发明的。还有人说豆腐是由僧侣道士发明的，唐朝时，豆腐已是他们的日常食品。

你认为豆腐是谁发明的呢？不管怎样，如今豆腐都是我们餐桌上的一种家常美食了，其中很著名的便有东坡豆腐——用豆腐与笋片、香菇合烹而成，汁浓味美。宋神宗元丰二年（1079年）12月，苏轼（号东坡居士）被贬官黄州（今湖北黄冈），在黄州的四年多时光，苏轼在诗词文学和烹饪美食领域收获颇丰，其中就包括名扬古今的“东坡豆腐”。另一道豆腐佳肴——雪霞羹出自《山家清供》，听名字就很美。采用木芙蓉花瓣和豆腐同煮，红白二色交相辉映，宛如雪霁之霞，滋味清香，口感嫩滑。

曹植《七步诗》里的大豆故事

三国时期著名文人曹植，自幼文采出众，常常出口成章，深得父亲曹操宠爱。黄初元年（220 年）正月，曹操病逝，曹植的哥哥曹丕当了皇帝，因担心这个才思敏锐、志向远大的弟弟威胁到帝位，曹丕欲除之而后快，总想方设法找机会刁难。相传曹丕曾下令，让曹植在七步之内作一首诗，如果完不成就杀了他。

“煮豆持作羹，漉菽以为汁。萁在釜下燃，豆在釜中泣。本自同根生，相煎何太急？”在极度悲愤中，曹植写下此诗。前文说到“菽”是我的古称，诗中的“萁”是我的茎。曹植以同根生的豆和豆茎来比喻手足兄弟，熊熊燃烧的豆茎，让煮锅里的豆备受煎熬，表达曹植对哥哥不顾骨肉亲情、逼迫残害行径的愤懑之情。“本自同根生，相煎何太急”也成为民间流传甚广的名句，用来规劝亲人之间不要自相残杀。

跟随郑和下西洋的大豆

明朝永乐至宣德年间，郑和率船队七下西洋，拜访了 30 多个国家和地区，最远到达东非、红海，书写了中国航海史上的壮丽篇章。作为船队成员的我，感到无比自豪。

每次出行，郑和总会带上我，没有蔬菜吃的时候，把我用水泡发，过几天就能长出脆生生的豆芽。可别小看了黄豆芽，这可是一种营养丰富的蔬菜，是蛋白质和多种维生素的重要来源。远洋航行如果没有蔬菜和水果的补给，人体内维生素 C 会严重缺乏，进而会患上坏血病。在西方大航海时代，不少船员就是因为坏血病被夺去了生命。我除了帮助船员摆脱疾病困扰，还有一个很重要的用途，那就是防磕碰。船上携带的物品中包含大量的瓷器，路途颠簸，瓷器容易破损，船员们把我放在瓷器之间，有空的时候浇浇水，收获豆芽的同时，也保证了瓷器的稳固完整。

你看，小小的豆芽，用处大着呢。

绿豆：流传千年的济世良豆

花

果实

植物小档案

姓名：绿豆

学名：*Vigna radiata*

别名：青小豆、植豆、交豆、文豆、八重生

家族：豆科豇豆属

花期：5—6 月

果期：6—8 月

产地：中国、印度等地

用途：食用、药用

说起绿豆我呀，大家都很熟悉，毕竟我的身影会出现在许多中国家庭的餐桌上。关于我的起源地，有多种说法，通常认为绿豆起源于印度，之后传播到尼罗河流域、中亚等地，并在这些地方广泛种植。近几十年来，中国科学家在云南、广西、河南、山东、湖北等地采集到不同类型的野生绿豆标本，证明中国也是我的起源地之一，而且我在中国有着 2000 多年的悠久历史。

我不仅是日常生活中的美味，也能在大家身体欠佳时作为一方良药。当然，我不可或缺大概是因为自古至今，我能以丰富的形式出现在大家的餐桌上。

夏日骄阳似火，来一杯冰镇绿豆汤，可以说是无以复刻的完美体验了。早春和深秋，绿豆还能和其他美食搭配熬制成糖水，做成一杯清肺润燥的美味饮品。此外，还可以把绿豆煮透，滤去表皮，做成绿豆糕，抚慰食客的味蕾和心灵。如果你想听由美味串联起来的故事，可远不止这些哦，请听我慢慢说来。

科普小讲堂

其实两种答案都有可能。绿豆中含有丰富的多酚类物质，当多酚被氧化后，汤的颜色就从原本的绿色变成红色。影响多酚氧化的因素非常多，其中，水的酸碱度是非常重要的因素。当水质偏酸时，绿豆汤呈绿色，相反，当水质偏碱时，绿豆汤则呈红色。

纪念伍子胥的香甜绿豆糕

你知道吗，除了吃粽子，吃绿豆糕也是端午节的传统习俗，而且比粽子的历史更加久远呢。据说吃绿豆糕是为了纪念春秋末年吴国大夫伍子胥。他生前曾多次力劝吴王夫差杀了勾践，以绝后患。而夫差认为勾践不足为惧，反倒赐死了伍子胥。百姓为了纪念伍子胥，每到端午，便准备好他生前最爱的绿豆糕。从那以后，便有了端午前后吃绿豆糕的习俗。

绿豆糕的“糕”与步步高升、高中状元的“高”同音， 而绿豆糕、粽子连一起又有“高中”的寓意，对于赶考的学子来说，是美好的祝福，因此端午节前后吃绿豆糕和粽子就这样流传下来，不仅仅是为了纪念逝去之人，也表达着对学子的美好祝愿。

北方的绿豆糕方正、干硬，南方的绿豆糕扁圆、软糯，但不论是哪个地方，大家都会在端午节前后不约而同拿起这块儿小小的糕点，或许这也是对共同情感的保存和表达吧。

解暑绿豆汤，促成《聊斋志异》

你知道蒲松龄吗？他创作的《聊斋志异》可是吸引男女老少的故事宝典。而这本书的完成，绿豆汤在其中可是功不可没呢。

原来，蒲松龄大热天坐在屋里写书，汗没少流，可写着写着就写不出来了。蒲松龄心想："一人肚里一条计，三人肚里唱本戏。"不如向大伙借点力儿吧。于是当了几件衣服，得来的钱买了一些绿豆。

蒲松龄家门口有两棵大树，他把席子铺在树下，将煮好的绿豆汤倒在缸里。路过的人累了，就坐在席子上休息，舀些绿豆汤解渴。蒲松龄定了一条规矩：不论来自天南海北，男女老少歇过以后，都得给他讲一段有意思的故事。这样日积月累，他把普天下的奇趣故事就全都收集起来，通过加工创作形成了著名的《聊斋志异》。原本用于解暑的我，无意促成了这本著作的诞生，真是值得自豪呀。

小小绿豆芽，美味可做名菜，智慧可斗洋商

用绿豆种子泡发的绿豆芽也是人们再熟悉不过的菜肴了。绿豆芽作为蔬菜食用始于宋朝，当时称绿豆芽为“种生”。人们将绿豆置于瓷器内，用水浸泡，在遮光的条件下，就种出好吃又营养丰富的绿豆芽啦。自宋朝以后，绿豆芽同脆嫩的春笋和鲜美的菌菇并称为“素食鲜味三霸”，成为大家喜爱的经典美食。

相传乾隆皇帝到曲阜时，孔府曾以196道菜肴组成的满汉宴招待，然而这些无一人得了乾隆皇帝的眼，在一旁侍膳的孔子后人很着急，便传话给厨师想办法。厨师随即抓了一把眼前的绿豆芽，去根须、芽瓣，急炒后加入湖虾米。红色虾米弯如金钩，处理过的绿豆芽洁白银亮，乾隆品尝后说：此菜清素鲜脆，很合口味，真是一道好菜。乾隆吃得津津有味，自然问起旁人这菜的“身世”，在座的孔家人文化底蕴深厚，巧妙地说道“此菜名为金钩挂银条”。自此由绿豆芽做成的“金钩挂银条”，也成了孔府菜中的传统名物了。

绿豆能泡发出绿豆芽的这一属性，还曾在对外贸易中发挥出巨大作用。

林则徐在广州担任钦差大臣期间，发现中国人在进出口贸易方面吃尽了苦头。当时清朝政府主要进口西方国家的布匹，而出口多以瓷器、茶叶为主。洋商常把运输途中被海水浸湿的布匹偷偷晾干进行交付，这些布匹难以被查出，但质量大打折扣，中国商人只能白白吃亏。同时清朝出口的瓷器因运输途中出现破损和裂缝，被洋商百般压价。

机缘巧合，林则徐在船舱上捡到一粒绿豆，顿时心生一计。他要求洋商装船时必须把一行布匹和一行绿豆交错排好，交付时，如果绿豆发芽就证明布匹被泡过水，洋商只能按规定接受罚款。同时，他让人在瓷器间塞满绿豆，洒上清水，绿豆发芽后将空隙填满，任凭多大的风浪，瓷器也安然无恙。林则徐就这样用小小绿豆四两拨千斤，帮清朝政府和商人挽回了经济损失。

薏苡：作物界的一颗“明珠”

植物小档案

姓名：薏苡

学名：*Coix lacryma-jobi*

别名：菩提子、五谷子、草珠子、大薏苡、念珠薏苡

家族：禾本科薏苡属

花果期：6—12月

产地：分布于亚洲东南部与太平洋岛屿，世界的热带、亚热带地区均有种植或逸生

用途：食用、药用

我是薏苡，小名菩提子。我在作物界的历史非常悠久，在浙江河姆渡遗址出土的薏苡种子表明，6000多年前我就与人类结缘。关于我最早的文字记载可以追溯到黄帝时期，《山海经·海内西经》记载“帝之下都，昆仑之墟……有木禾”，其中“木禾”指的就是我。

《史记·夏本纪》和王充的《论衡·奇怪篇》中都有记载，大禹的母亲因吃了薏苡受孕而生下了大禹。这个神话故事现在看来虽然不可信，但在那个时期我被誉为夏族的图腾植物。洛阳皂角树遗址的考古证据也表明，我是夏人主要的农作物之一。

古代人把我看作自然之珍品，由于我的产量低、难加工，没有担当起主粮的角色，但我的药用和营养价值备受关注。我的淀粉含量较少，蛋白质含量高，还含有丰富的维生素、氨基酸和矿物质，易被人体消化吸收，无毒无害，药食同源，是公认的“祛湿高手”，吃我还可以美容哦。

薏苡明珠

在我身上流传着一个动人的故事——薏苡明珠。

东汉时期，有一位骁勇善战的将军，名叫马援，也被人称为伏波将军。归附汉光武帝刘秀之后，马援率领汉军南征北战，有一次汉光武帝将其派到交趾（现在的越南北部）去镇压叛乱。

交趾气候潮湿，瘴气严重，马将军的士兵很多都是北方人，无法适应当地的环境，都病倒了。马将军很着急，这时有个当地老农找到将军，告诉他这是中了瘴气，吃薏苡仁就可以解毒祛湿。

马将军便叫人找来薏苡仁熬成粥给士兵喝，果不其然，士兵喝了之后很快就恢复“元气”了，这场仗打得很成功。马将军觉得薏苡仁实在是太神奇了，想带回去种植，所以班师回朝之时叫人带了一车种子。由于南方的薏苡仁比较硕大，形似珍珠，这车薏苡种子引起了权贵们的猜疑，认为马援运回的是一车从南疆夺取的珍珠。

后来马援病死不久，权贵们就诬告他搜刮并私吞了大量珠宝，皇帝听信谗言，很是愤怒，导致马援的葬礼都草草了事，无人敢去吊唁。直到马援的妻子儿女多次向皇帝请罪，皇帝只好将奏章拿给他们看，他们才知道，原来是因为那一车薏苡仁被误认为珍珠。马援夫人不甘心丈夫一直被冤枉，先后6次向皇帝诉冤情，皇帝终于相信并命人重新好好安葬马援。

这就是“薏苡明珠”的故事，后世也用“薏苡之谤”来形容被人诬蔑，蒙受冤屈。后来白居易写有“侏儒饱笑东方朔，薏苡谗忧马伏波”，以及辛弃疾作诗“愧我明珠成薏苡，负君赤手缚於菟”，都表达了对马援遭遇的愤慨，也抒发了诗人对宦海沉浮、忧谗畏讥的感叹！

可做成佛珠的菩提子

事实上，我被误认为珠宝也不是无中生有，我的种子确实像珠子。《本草纲目》中记载，薏苡有两种，一种是壳尖而薄，仁白色如糯米，可以做粥、磨面，还可以酿酒，还有一种壳厚而坚硬，仁小，可以穿孔做念珠数经，这便是念珠薏苡，又称为“菩提子”。

在佛教中，菩提子则指的是得道高僧手中的念珠，是他们修行的法器之一。人们发现我的种子坚硬且自带光泽，还具有天然的孔道，无须钻孔即可串成珠子，而且我分布广泛，容易获取，便成为制作念珠的材料之一，也被叫作“草菩提”。

当然，现在用薏苡做成的手链或项链，并不仅仅是佛教的专用，如果你喜欢，也可以当作饰品佩戴。

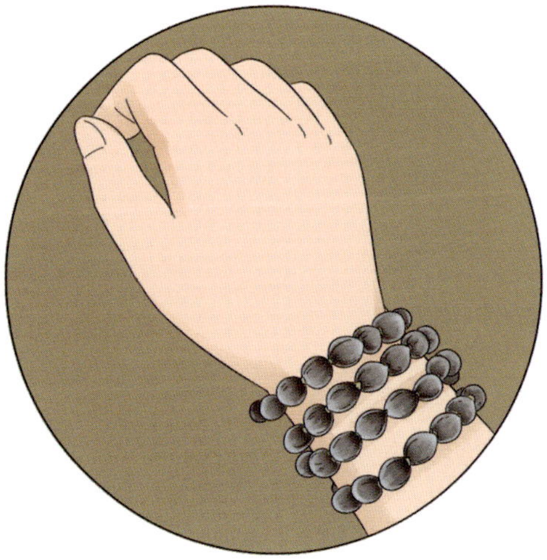

寄托陆游爱国情怀的薏米饭

陆游对我赞赏有加，曾作诗：“初游唐安饭薏米，炊成不减雕胡美。大如芡实白如玉，滑欲流匙香满屋。腹腴（yú）项脔（luán）不入盘，况复飧（sūn）酪（lào）夸甘酸。东归思之未易得，每以问人人不识。呜呼，奇才从古弃草菅，君试求之篱落间。”他说薏米的粒大如同芡实，色泽犹如白玉，像膏脂一样顺滑，能顺匙而流，香飘满屋，这是对薏米饭的极度赞扬。

陆游是南宋爱国诗人，曾从军川、陕，为蜀帅范成大的参军，后离蜀东归，偏居剡溪，在退居故乡的悠长时日中，一直怀抱着对祖国的忧虑，没有一刻忘记过洗雪国耻。这首《薏苡》是陆游出蜀东归后创作的，表面上是对“唐安饭薏米”的回忆，实际上是他对当年戎马汉中、驰骋国防前线、豪雄飞纵军营生活的留恋。他希望报国，然而报国无门，只能发出无可奈何的感叹。

玉米：深受百姓喜爱的美洲“客人”

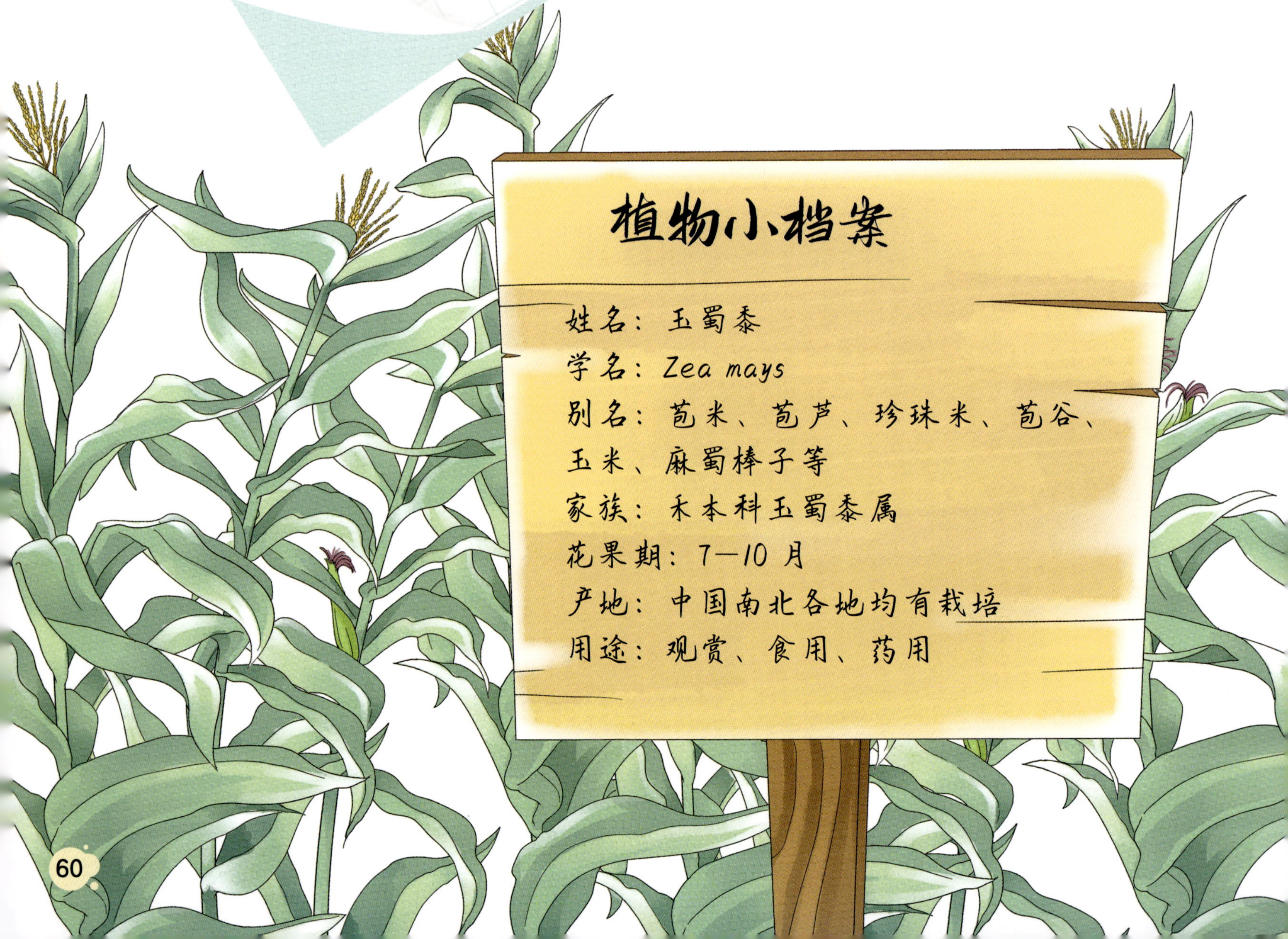

大家好，我是玉米，大名叫玉蜀黍，我的故事可追溯到7000多年前。我出生在遥远的拉丁美洲，后来随着航海业的发展，我的种子被带到了世界各地。大约在16世纪中期，我通过东南沿海、西南陆路和西北陆路来到了中国。

18世纪中期至19世纪初期，中国开始大规模推广玉米。清朝包世臣所著的《齐民四术》里，将玉米与五谷并列，合称为“六谷”。如今，中国已经成为世界第二大玉米主产国，我和小麦、稻谷并称为这里的三大主粮。我的味道香甜，可以做成各种美味的菜肴，也是重要的工业用粮。

我刚来到中国时，人们叫我“玉麦”，后来我又被称作“番麦”或“西天麦”。“玉米”这个名字最早见于明末徐光启的《农政全书》，大概是因为我像玉一样珍贵。而今，陕西的“珍珠锁”、山西河北的“棒子”“棒棒子”、山东的“苞米”、广东梅县的“包粟”，还有“苞谷”“粟米”“玉茭”“金黍”“珍珠米”等名字说的都是我，光听这些名字，你就知道老百姓有多喜欢我了！

百变的玉米家族成员

我是营养丰富、产量超高的粮食作物，走在街头巷尾，烤玉米、煮玉米、爆米花，随处可见。我的兄弟姐妹们，也是个性鲜明，风格各异，我们一起来认识一下它们吧。

高油玉米是我们家族的明星，它的籽粒含油量比普通玉米高了 50% 以上，由胚芽榨出的玉米油，不仅产量高，而且营养丰富，是深受人们喜爱的高级植物油。

并不是所有的玉米都能做成爆米花，只有爆裂玉米才行。它们的这种特性最先由印第安人发现，后来逐渐培养出现今的爆裂玉米，这可是小朋友们的最爱了！

糯玉米糯性强，是起源于中国的玉米，在西南地区被发现和选育后，一下子就成了当地人的新宠。

笋玉米是雌穗在开花前或抽丝后一两天内采收的嫩穗，外形像竹笋，状如手指，晶莹美观，也叫玉米笋。

饲料之王——青贮玉米，这位可是畜牧业的宠儿，用它做成的饲料可是牛、羊的顶级食物。

拇指玉米，是我们家族中身材最小的成员，穗长 6cm 左右，玉米粒只有 8 行，真是太可爱了！

再来看我们的颜色组合，有玉白色、金黄色、橘红色、浅棕色，甚至还有蓝紫色的，简直是色彩的大爆炸！要是你遇到一个玉米穗上有几种颜色的籽粒，也不要惊讶，这就是我们的个性哦！

闯关东的“拓荒者”

大约500年前，我来到中国，但是你知道我是怎么来到东北的吗？这可跟中国史上著名的移民浪潮“闯关东”紧密相关呢。

清末民初期间，战争不断、天灾频发，无数迫于生计的山东人纷纷冒着危险走出关外（山海关），来到东北寻求活路。当时东北沃野千里、人口稀少，对于没有生计的关内百姓来说是最好的选择。

人们一路艰辛，来到东北后，积极开垦荒地，进行农业生产，不仅使东北耕地面积飞速增加，我也跟着一起来到了东北。刚开始我还有点不适应，产量也不高，但是后来人们发现我在粗放管理下产量比高粱和大豆还稳定，而且东北的土壤、气候特别适合我生长，我经过育种改良之后增产速度之快，超乎想象。

到现在，在不到200年的时间里，我击败曾风光无限的高粱，把中国东北从一片玉米几近空白的大地变成世界第二大玉米带的腹地，这片肥沃的东北黑土地，简直就是我的第二故乡。

粗粮界的美食——窝窝头

我在中国一直被当作粗粮，虽不能跟精米白面比，但我也能做成美食，其中用玉米面和豆面做成的窝窝头绝对是让人印象最深刻的。刚蒸熟的窝窝头，热气腾腾，香气扑鼻，吃上一口，松软甜美，风味十足！

曾经，窝窝头代表着贫穷，过去形容某个人命运苦，常常说：“一辈子饥饱劳碌，啃窝头的命。”新中国成立后，窝窝头变成了山西人的日常主食之一，也曾上过国宴呢。1956 年，在周恩来总理招待外宾的盛大宴会上，就有一道清宫仿膳甜点小窝头，被外宾们称作“金字塔”，为宴会增添了不少情趣。

如今，窝窝头虽退出了主食的地位，但已成为饮食文化的一部分，值得细细品味。

而今，玉米早已不再是单一的食物。它既是加工玉米淀粉、糖、味精、酒精等的工业原料，亦能做成可降解的“绿色塑料”和美丽的布料，还可以经发酵生产燃料乙醇。哇！玉米的前途一片光明哦！

一起解密 植物背后的中国故事

“码”上跟随
AI植物学家

1 听播客 涨知识

收听植物故事，加深记忆。

2 玩游戏 学得进

趣玩消消乐，爱上学习。

3 理图谱 懂得快

梳理核心知识，加速理解。

4 有疑惑 直接问

对话好奇博士，拓展知识。

植物里的中国故事

花草篇

顾问●傅廷栋　主编●刘宏涛　张莉俊

长江出版传媒
湖北科学技术出版社

图书在版编目(CIP)数据

植物里的中国故事. 花草篇 / 刘宏涛, 张莉俊主编. 武汉 : 湖北科学技术出版社, 2025. 9. -- ISBN 978-7-5706-4313-4

Ⅰ. Q94-49

中国国家版本馆CIP数据核字第2025TT2313号

植物里的中国故事·花草篇

ZHIWU LI DE ZHONGGUO GUSHI HUACAO PIAN

责任编辑：胡　婷

责任校对：童桂清　　封面设计：喻　杨

出版发行：湖北科学技术出版社

地　　址：武汉市雄楚大街268号（湖北出版文化城B座13—14层）

电　　话：027-87679468　　邮　　编：430070

印　　刷：湖北新华印务有限公司　　邮　　编：430035

787毫米×1092毫米　1/12　　5.5印张　100千字

2025年9月第1版　　2025年9月第1次印刷

定　　价：198.00元（全四册）

“植物里的中国故事”丛书

编委会

读植物故事，品中华文明

翻开这本书，如同开启一场穿越时空的文化之旅。那些看似平凡的植物，实则是中华文明五千年智慧的密码本。一株柳树，承载着多少离愁别绪；一枝寒梅，凝结着多少文人风骨；一粒黍米，丈量着多少文明尺度。这些静默生长的生命，恰如渊博的智者，把中华文化的深邃与博大向我们娓娓道来。

“植物里的中国故事”丛书选取了 40 种具有中国特色的植物，在这 40 种植物的年轮里，镌刻着先人对自然的敬畏与智慧。当代青少年生活在数字化的浪潮中，更需要这种扎根大地的文化滋养。当你们了解苏轼为何“宁可食无肉，不可居无竹”时，领悟的不仅是一种植物特性，更是一种精神气节；当你们读懂“薏苡明珠”的典故时，收获的不仅是一个成语，更是一面照见人性善恶的明镜。这些植物故事就像一把把钥匙，能打开传统文化宝库的大门，让抽象的文化概念变得可触可感。

希望这套书能成为你们探索中华文明的起点。当你们在生活中遇见这些植物时，看到的将不仅是花草树木，更是流动的历史、活着的文化。愿你们以这些植物故事为媒，建立起与传统文化的情感联结，让中华文明的根系在新时代继续茁壮生长。

中国工程院院士
华中农业大学教授
傅廷栋

目录

牡丹：
国色天香，花中之王

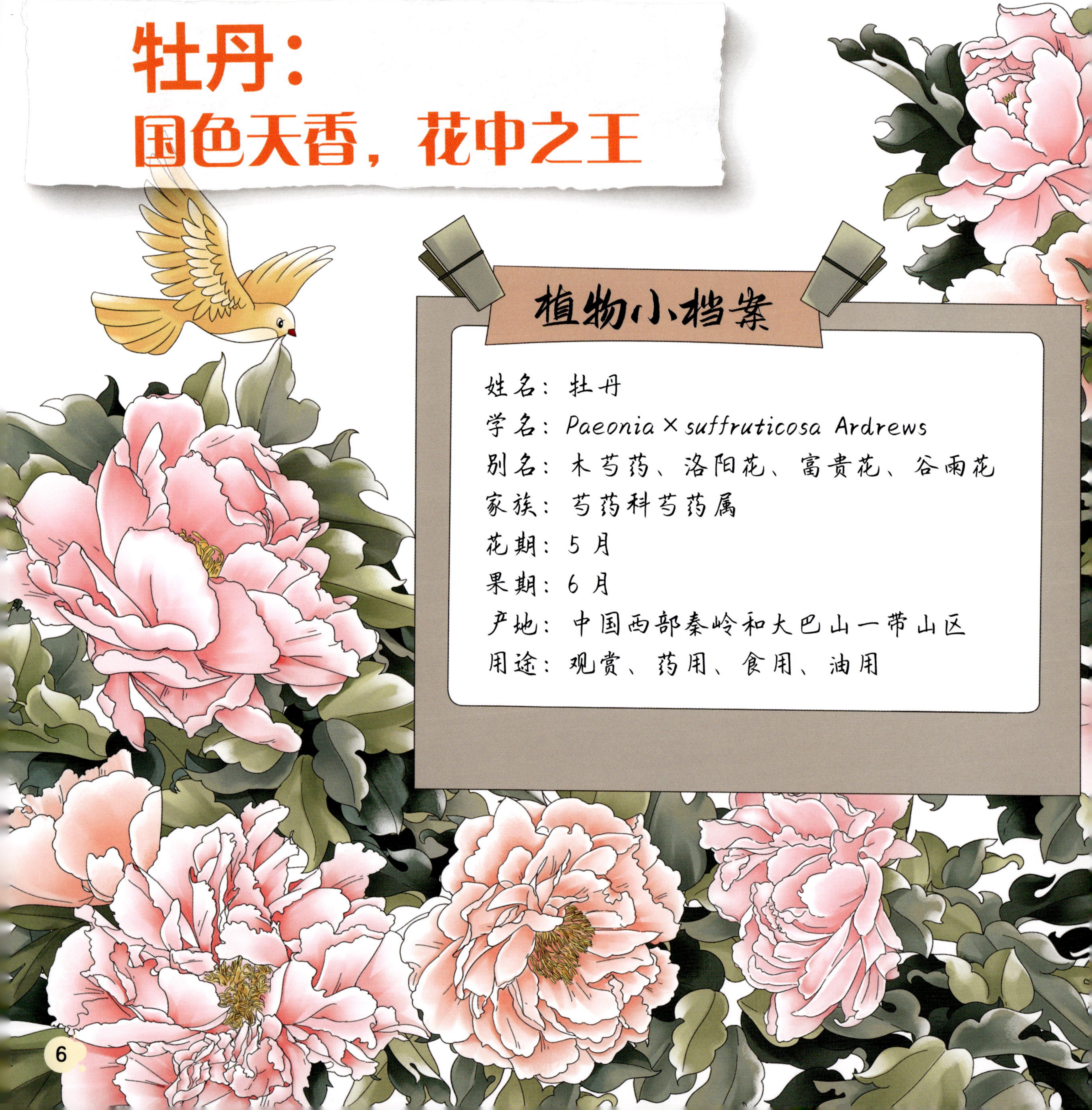

植物小档案

姓名：牡丹
学名：*Paeonia × suffruticosa* Ardrews
别名：木芍药、洛阳花、富贵花、谷雨花
家族：芍药科芍药属
花期：5 月
果期：6 月
产地：中国西部秦岭和大巴山一带山区
用途：观赏、药用、食用、油用

我是牡丹，小名富贵花，大家还称我为“花中之王”。如果要评选中国的国花，我的呼声可是很高的哦！我因万紫千红、艳压群芳而有“国色”之名，又因香而不酽、清沁心脾被赞作“天香”。

我来自中国，属于中国特有的花卉。我的祖先矮牡丹、紫斑牡丹、中原牡丹等也都来自中国，我的成长与中国的历史紧密相连。在南北朝时期，我开始作为观赏植物受到人们关注，自从隋炀帝将我种植在西苑中，我便开启了“走红之路”，不仅受到皇家贵族的喜爱，诗人和文人也极尽华丽之词赞美我，使我荣登“花中之王”的宝座。“花中之王”不仅象征着皇家的威严与富贵，还融入了普通百姓的日常生活，成为幸福吉祥的代言人。

虽然我以“颜值”闻名，但最初人们喜欢我是因为我的药用价值。在《神农本草经》和《本草纲目》这些古老的医书中，都记载了我的根皮可以入药，叫作丹皮。丹皮在清热解毒和活血化瘀方面有很好的疗效。据统计，中国有1300多种药方中都用到了丹皮。

浪漫的东方爱情之花

中国自古就有“牡丹为花王，芍药为花相”的说法。我和芍药是植物家族里的两朵姐妹花，花期一前一后，常常搭配种植。

虽然现在我的名气大，但芍药比我出名早。早在先秦时代的《诗经》里，就有“维士与女，伊其相谑，赠之以勺药”（“勺药”通“芍药”）的诗句，那时的青年男女用芍药来表达绵绵情意。

而我是在晋代杰出画家顾恺之所画的《洛神赋图》中崭露头角的。这幅画根据曹植的旷世名作《洛神赋》创作而成。曹植在洛水边遇到了“翩若惊鸿，婉若游龙”的洛神，并对她一见倾心，缱绻求爱，洛神也对他有意。可惜人和神不能在一起。虽然他们两情相悦，却无法相守，洛神最终飘然离去，留下曹植独自在人间。顾恺之将曹植的心境全然入画，惟妙惟肖。画中的我盛开在洛水边，陪伴着洛神，象征着曹植对心爱之人的深深思念。

后来，我还在家喻户晓的经典爱情剧目《牡丹亭》里，见证了杜丽娘的爱情故事。直到现在，我还常常和鸳鸯一起，象征着婚姻的幸福与美满。

武则天洛阳植牡丹

南宋著名学者王应麟在《海山记》中写道：“隋帝辟地二百里为西苑，诏天下进花卉，易州进二十箱牡丹。”这里提到的隋帝就是隋炀帝杨广，尽管他在历史上名声不佳，但对我来说，他是第一个将我种植在皇家园林中的人，让我受到越来越多人的喜爱。

当然，我能够闻名天下，还要感谢唐代的女皇武则天。武则天对我一见倾心，下令把家乡西河（今山西汾河一带）的优良牡丹品种，移栽到了洛阳的神都苑。在她的影响下，洛阳人对牡丹情有独钟。每到暮春，洛阳城内观赏牡丹的游人如织，“千年古都，牡丹花城”的洛阳也因此声名远扬。

李白醉写清平调

唐玄宗也非常喜欢我们，甚至专门请了花师在皇宫里大量种植。天宝二年（743 年）的春天，长安宫里种植的牡丹开花了，唐玄宗带着杨贵妃一起去赏花。为了助兴，他还挑选了 16 位梨园弟子来奏乐。当宫廷乐师李龟年拿着檀板（古时的一种乐器，常用檀木制作而成）准备唱的时候，唐玄宗突然说：“和爱妃一起欣赏名花，怎么能用旧词呢？”于是，他让李龟年拿着金花笺（洒有泥金的笺纸），请大诗人李白填写新词。

当时在翰林院任职的李白，刚喝了酒还没完全清醒，带着几分醉意，即兴写下了《清平调·其一》：

云想衣裳花想容，春风拂槛露华浓。

若非群玉山头见，会向瑶台月下逢。

诗人以花喻人，以人比花，富丽端庄的牡丹衬托出杨贵妃倾国倾城的美貌，这让唐玄宗大为赞赏。一时间，名花、名酒、名曲、名诗、名人，共同成就了一场盛事。

在武则天和唐玄宗的推动下，唐代掀起了种植和欣赏牡丹的热潮。诗人白居易形容我“花开花落二十日，一城之人皆若狂”，刘禹锡则有“唯有牡丹真国色，花开时节动京城”，徐凝写道“三条九陌花时节，万户千车看牡丹”，这些诗句正是当时人们品赏我们的生动写照。盛世成就名花，名花映照盛世，唐代造就了中国历史上牡丹的巅峰。

开在国人心中的幸福吉祥花

唐代之后，人们对我的喜爱有增无减。千百年来，我在陕西长安（今西安）、河南洛阳、四川天彭（今彭州）、安徽亳州、山东曹州（今菏泽）、北京等地不断被人们种植和培育，不仅出现了‘姚黄’‘魏紫’‘豆绿’‘赵粉’等数百个令人惊艳的品种，还形成了中原、西北、江南及西南四大聚集地。我从皇家园林飞入寻常百姓家，从古代达官显贵的庭院之花，渐渐成为国人心中的“国民之花”。

你知道吗？在 20 世纪七八十年代，我的图案还是装饰家居用品的“主角”，几乎家家都有印着牡丹图案的“国民床单”、热水瓶、搪瓷杯、脸盆等。

梅：暗香疏影，花中之魁

植物小档案

姓名：梅

学名：*Prunus mume*

别名：春梅、干枝梅

家族：蔷薇科李属

花期：1—2 月

果期：5—6 月

产地：中国各地均有栽培，但在长江流域以南各省最多。日本和朝鲜也有分布

用途：观赏、食用、药用

我叫梅，在还有些寒冷的早春绽放。因为我的花朵在叶子长出之前就开放了，所以当白色或粉色的小花布满枝头时，显得尤为灿烂，还散发出迷人的清香。不怕冷的我，是不是很棒？

我的果实，酸甜生津，能给你带来独特的味蕾体验。在古代，我的用处可大了。我曾经和盐一起被放入羹中调味，还被用于烹饪肉类食物。我的酸味不仅可以去除鱼和肉中的腥味，还能让肉食变得更加松软和鲜美，古人的餐桌上可少不了我。

然而，人们真正爱上我，是因为我不畏料峭春寒，甚至在雪中也能绽放，所以我象征着百折不挠、坚贞不屈的精神，并且有着“国魂”的美誉。千百年来，我的身影遍布于文人墨客的诗词和画作中，成为国人心目中的花中君子。

科普小讲堂

人们现在爱吃的梅肉果脯，都是古人说的青梅吗？

现在市面上有很多名字里带“梅”的零食，比如乌梅、脆青梅、雪梅、九制梅、黑糖梅、西梅、杨梅等，但是，名字里有“梅”并不一定就是我哦。

其实，只有乌梅和脆青梅的原料来自我的果实。西梅是欧洲李的果实，杨梅不属于我所在的蔷薇科，雪梅、九制梅、黑糖梅的原料可能是李子、杏子、梅子等。下次买零食的时候，可以在食品包装上的配料表里，看看它们是用什么原料制作的哦！

望梅止渴

你知道吗？大家最先认识和喜欢的是我的果实。我的果实又叫酸梅，很多人一听到这个名字就会口水直流，成语“望梅止渴”的故事，就是最好的证明。

据说在东汉末年，曹操率领部队行军途中，来到了一片荒山野岭，将士们又累又渴，但找不到水源，士气低落，大家都不想继续前进了。为了鼓舞士气，曹操心生一计，对大家说：“我已经看到前方有一大片梅子林，树上结满了成熟的果子，我们赶快过去，就可以用酸甜的果汁解渴了。”听到曹操的话，将士们感觉好像已经吃到了酸甜可口的梅子，顿时觉得口舌生津、精神振奋，他们一鼓作气向前行军，最后成功地找到了水源。

这个小故事后来演变成了成语“望梅止渴”，比喻用想象中的事物来鼓励自己面对眼前的困难。

青梅煮酒

《三国演义》里还有一个与我有关的故事，那就是“青梅煮酒论英雄”。故事里可不是拿我去煮酒哦，而是用盐或者糖来腌制我的果实，让它变得更加可口，可当作佐酒的小菜。

故事是这样的：有一天，曹操准备了一盘美味的梅果，还煮了一壶酒，邀请刘备来家里小聚。两人坐在一起喝酒聊天，借着酒意，曹操问刘备：“你觉得当今谁能算得上是英雄呢？”其实，曹操是想试探刘备有没有称霸天下的野心。刘备知道自己实力还不够，时机也不成熟，就假装糊涂，列举了袁绍、袁术、刘表等人来搪塞。曹操当然看不上这些人，他指着刘备和自己说：“当今能算得上英雄的，只有你和我。”刘备听了大吃一惊，吓得手里的筷子都掉到了地上。就在这时，突然雷声滚滚，下起了大雨，刘备趁机说：“这雷声真是太吓人了！”以此掩饰自己的吃惊。曹操因此觉得刘备胆子太小，就没有对他起疑心。这个有趣的故事让我们看到了古人的智慧和谋略。

梅妻鹤子

在中国古代，人们很少有随季节出远门游玩的机会，也没有现在这么多的娱乐方式，所以，冬季和早春的寒冷时光显得特别漫长。而我，正是在早春时节绽放，映衬着白雪，显得格外美丽。我的主干粗壮遒劲，枝条充满生机，花瓣轻盈纤薄，微风吹过，送来缕缕清香，给等待春天的人们带来了几许惬意和希望。

我的美受到了文人们的喜爱和推崇。有一位名叫林逋的读书人特别喜欢我，他写下诗句“疏影横斜水清浅，暗香浮动月黄昏”，以表达对我的赞美。在林逋眼里，梅花清逸秀雅、与世无争，这与他追求思想自由的人生态度十分契合，因此，他为我写了很多诗，画了不少画，歌颂我在春寒中展现的英姿。林逋一生与我，还有仙鹤为伴。他把梅花看作妻子，将仙鹤视为儿子，人称“梅妻鹤子”。

踏雪寻梅

我的美，不仅体现在优雅的身姿和清幽的香气上，更在于骨子里那份高洁坚毅的品格。我独自在凛冽寒风中绽放，以傲然之姿直面冰雪，这正是中华民族自强不息、坚韧不拔精神的生动写照。古人云“梅花香自苦寒来”， 正是以我凌寒独放的特性，比喻唯有经历磨难方能铸就坚毅品格的人生真谛。千百年来，我和松、竹并称“岁寒三友”，还与兰、竹、菊齐名“花中四君子”，这份殊荣，正是世人对我们高洁品质的最大认可。

古往今来，文人墨客都想用最美的诗句来赞美我以表达对我的喜爱，诗人孟浩然就是其中之一。在大雪纷飞的时候，他带着干粮，骑着毛驴，翻山越岭地寻找我的踪迹，希望能领略我在寒风中绽放的美丽。自此以后，“踏雪寻梅”成为古人雪天最有趣的活动。想象一下，在一片银装素裹的世界中，于山回路转之时，突然看到一株红梅出现在眼前，那种惊喜多么美妙!

踏雪寻梅与其说是寻找梅花，不如说是寻找心灵的滋养和精神的支持。

佩兰：王者之香，君子之魂

植物小档案

姓名：佩兰

学名：*Eupatorium fortunei*

别名：兰草、香草、八月白、失力草、铁脚升麻、藤袴、背影草

家族：菊科泽兰属

花果期：7—11 月

产地：中国山东、江苏、浙江、江西、湖北、湖南、云南、四川、贵州、广西、广东及陕西。日本、朝鲜也有分布

用途：香料、药用

我是佩兰，一株清雅脱俗的香草，从叶片到茎秆都散发着沁人心脾的幽香。由于我的香味独特，还被称为“王者之香”，孔子、屈原和王羲之都是我的粉丝呢！早在2000多年前，屈原就在《离骚》中写道“纫秋兰以为佩”，生动描绘了当时人们将我编织成环，佩戴在身上的雅致习俗。

中国现存最早的中药学著作《神农本草经》中首次记载了我的药用价值，并称我为“兰草”。“兰草”这个名字一直沿用，直到清代乾隆年间叶天士著《本草再新》时才在药典中开始使用“佩兰”这一名称。

我虽然相貌平平，但药用价值很高。我是一味古老的芳香化湿药，可祛除口臭，使人吐气如兰；用我来沐浴，可以预防疫病，保持健康，屈原在《九歌》中就记载了“兰汤沐浴”。我还被称为“醒头草”，用我煎汤洗发，可使头发顺滑、头皮清爽。

兰遇孔子

君子之香，千古传颂

几千年前，我与孔子的一次邂逅成为至今传颂的佳话。孔子周游列国推行自己的政治主张，却处处碰壁。心灰意冷的他在回家的路上，意外发现杂草之中一丛兰草岿然独茂，迎风散香，不禁悲叹："兰草之香，堪称王者之香，而今却在这儿如此茂盛地生长着，与各种普通花草为伍，就好像贤士生不逢时，和平庸的人居于同列一样。"于是，他下车弹奏了一曲流传千古的《猗兰操》，借有"王者香"的兰花，叹自己生不逢时的命运。

孔子不仅赞扬我不会因为无人赏识而不散发芳香，如同君子不会因为穷困而改变节操，他还告诫世人，要与品德高尚者为伍。这就如同置身于芬芳四溢的芝兰之室，久而久之，自身也会受到熏陶，变得更加优秀。

孔子的赞扬让我成为坚韧不拔、品性高洁的"君子"象征。

科普小讲堂

兰草是兰花吗？

一说到兰，人们很容易想到“花中四君子”中的兰花，然而“兰草”与“兰花”是完全不同的两类植物。它们有什么区别呢？

兰草，现在叫佩兰，是菊科泽兰属植物。它对生长环境要求不高，在潮湿的土壤中也能生长，而且全草具有浓郁香气。而兰花是兰科兰属植物，四季常青，花香叶不香。兰花比较娇贵，种植和繁殖都比较困难。另外，兰草主要用作香料和药材，兰花则主要用于观赏。最关键的是，人们发现这两种植物的时间不同。兰草始见于战国时期，而春兰、蕙兰等兰花始见于北宋中期，因此宋朝之前出现的“兰”都是指“兰草”。那为什么晚出现的兰花也叫“兰”呢？有学者通过考证推测，兰花与兰草同为草本植物且具芳香气息，产地与生境很相似，人们发现兰花的时候，兰草已经不常见了，所以兰花被误认为是以前的兰草。兰花真是捡了个大便宜，直接沿用“兰”的名字，迅速上升为与梅、菊等齐名的传统名花。

兰伴屈原

忠贞之志，芝兰之颂

在伟大的爱国诗人屈原所著的《离骚》《九歌》等主要作品中，我是出场率最高的一种植物。屈原将我作为贤人君子的象征，还将我结成索佩，挂在身上。

相传在楚怀王年间，屈原因遭到奸臣陷害而被革职罢官。他回到了家乡归州（今湖北秭归），在仙女山下的小溪边筑室立学，亲授弟子。屈原矢志不渝的爱国精神深深打动了仙女，仙女施展法术，将屈原窗下的 3 株兰草点化成精，以表敬意和赞赏。后来屈原带着学生，将兰草移栽到溪边和山上，足足种了 9 畹（古时 30 亩为 1 畹）。屈原含恨投江后，溪畔的兰草仿佛感应其悲，一夜之间尽数凋零。后人为了缅怀屈原，将他留下的学堂改名为芝兰庙，并广植兰草，以续其志。

兰启书圣

墨香兰韵，艺术之巅

东晋有一位人称“书圣”的书法家，名叫王羲之。他是一位狂热的兰草爱好者，在庭院、书房到处都种满了兰草。永和九年（354 年），王羲之与友人在山阴（今浙江绍兴）兰渚山下的兰亭举行文人雅集。兰渚山位于山阴城郊，相传春秋时期越王勾践曾在此种植兰草，汉时在此设驿亭，故驿亭由此得名兰亭。王羲之和友人在兰亭饮酒赋诗，并趁着酒兴写下了号称“天下第一行书”的《兰亭集序》。在王羲之的心中，我与书法艺术共同展现了一种超越世俗、追求自然与心灵和谐的美学境界。

跨越千年，我们的幽香与风骨，已深植于国人心间，无论是兰草，还是后来居上的兰花，都承载着人们对美好品行、崇高精神的不懈追求。

竹：翠竹擎天，万年风骨

一根中通外直、挺拔修长的秆，一丛翠绿如画、逸趣横生的叶——竹以凌云之志，昂然挺立于天地之间，撑起了中国人的风骨。

我的故事，注定不平凡。

我诞生于 5000 多万年前，经历了漫长的岁月，终于在一万年前与人类相逢。“金风玉露一相逢，便胜却人间无数”。我从山野走出，进入人们的视野。人们在我的风姿中找到了精神的共鸣，推崇我为中华民族品格、美学精神的象征。

我见证着文明，塑造着文明，又被人类文明所塑造。如我不曾出现，中华文明可能就暗淡了几分。

我是竹，给你讲讲我的故事。

心有凌云志，草木亦参天

我是一棵草，你没看错，我来自禾本科家族，与小麦、水稻、玉米等是亲戚。高大的植物，通常需要坚硬的茎干来支撑。为了获取更多的阳光，更好地生存下去，我的一些兄弟，如毛竹、箭竹等让自己变得木质化，努力长个与大树比高争先，所以它们也被称为“木本竹”。还有一些同胞，像藤竹、葛竹等，则保留了我们祖先原始的模样，一般最高只有1米多，被称为“草本竹”。一棵草却有一颗成为大树的心，有人认为我们是草界的另类，称我们为“木质化的巨草”。

我不仅追求高度，还有着其他植物难以企及的速度。我是世界上生长最快的植物之一。一夜惊雷起，春笋满林生。春雨过后，我的笋进节而发，于无声处打响了千军万马的战争，争分夺秒地攻城略地、开疆拓土。生长最快时，一天甚至可以长高2米。大约50天后，一些竹笋就能长到将近20米高，这是很多树木生长10年，甚至100年才能达到的高度。

我家族里的大部分成员一生只开一次花。当环境过于恶劣或者生命快到尽头时，我们会拼尽全力，完美地进行一次毫无保留的绽放，这是我们对繁衍后代的庄严承诺——以生命为代价，换取种族的延续。

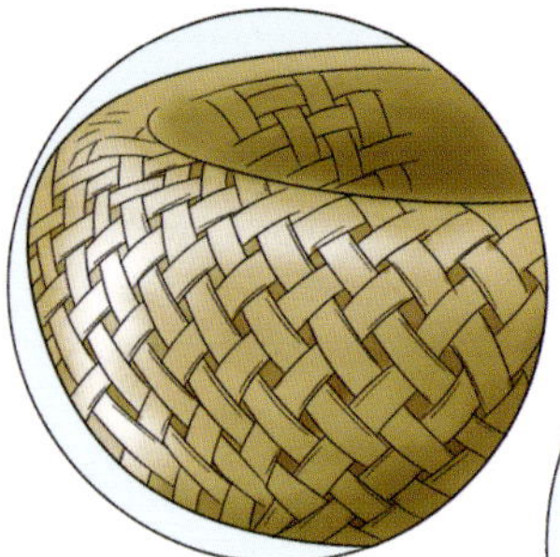

竹篮

竹椅

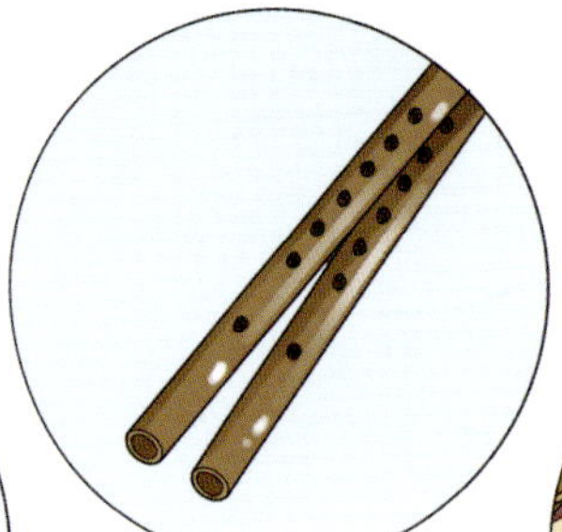

竹笛

竹筒饭

竹简

竹影伴万年，文明共辉煌

我的家族非常庞大，拥有1500多个不同种类。中国是我的起源地，是世界上拥有我们家族成员最多的国家，也是开发利用竹类资源历史最早、范围最广、程度最深的国家。从古至今，我的身影无处不在，那些极其古老的竹制建筑、乐器、器具等都是最好的证明。我给了中国人生活中最长情的陪伴。

在这里，不得不提到因我诞生的一项重要发明——竹简。在纸出现之前，以竹、木为原材料制成的简牍，是重要的文字载体之一。正因为有了竹简，汉字才得以进行更广泛的传播，形成百家争鸣的文化盛况，孔子、老子等名家名流的思想和文化才得以流传至今。约5000年历史的中华文明，有2000多年记载在竹简之上，我化为历史的见证，承载着中华文明的记忆，为中华文化的传播做出了巨大的贡献。

君子比德竹，风骨传千秋

竹，不仅是自然的馈赠，更是文人墨客的精神寄托。中国人爱我不仅体现在对我的使用和欣赏上，更体现在精神象征和审美价值上。英国生物化学和科学史学家李约瑟曾说中国是“竹子文明的国度”，著名历史学家陈寅恪认为中国文化是“竹的文化”。世人皆爱我，士大夫对我的痴迷，甚至到了发狂的程度。

魏晋时期，我清丽俊逸、挺拔凌云的姿态令风流名士们沉醉痴迷，与文人墨客的结缘也始于那时。魏晋名士山涛、阮籍、嵇康、向秀、刘伶、阮咸、王戎经常在竹林中纵情雅集，肆意酣畅，赢得了“竹林七贤”的雅称。“书圣”王羲之的儿子王徽之，为人高雅，尤为爱竹。王徽之无论到哪，哪怕是短暂的寄居，也要让人在其住所周围栽植上竹子，并且感叹“何可一日无此君！”，对我的痴爱可见一斑。

爱我爱得最狂热的，要数大文豪苏轼。他在去杭州当官时，与友人游绿筠轩，见到满目皆是茂密的竹林，苍翠欲滴，景色怡人，便写下令我名声大噪的诗句：

宁可食无肉，不可居无竹。
无肉使人瘦，无竹令人俗。

苏轼认为居中无竹，就是俗气，强调了精神追求高于物质享受的价值观念。苏轼爱吟竹，也爱画竹，他留下的传世佳作《潇湘竹石图》有远山含烟、风雨瘦竹的悠远意境，是以竹子寄托文人情怀的典范之作。

说到画竹，不得不提“胸有成竹”的典故。北宋画家文同痴迷画竹，日日观察竹子的风姿神韵，直至闭目也能清晰浮现竹影。正因这份专注，他提笔时早已“胸有成竹”，笔下墨竹自然生动。这不仅是绘画的至高境界，更蕴含着做事需充分准备的人生智慧。

大书画家、文学家郑板桥画竹 40 多年，他的题画诗《竹石》用竹子顽强的生命力，象征人在恶劣的环境中不屈不挠的优秀品质，给后人以深刻的启迪。

“竹”你好运

在老百姓的眼里，我还是好运的象征。“竹子开花节节高”寄托着对来年好运的期盼。黄金竹寓意财源广进、富贵吉祥，佛肚竹寓意大肚能容不平之事。因“竹”与“祝”谐音，所以我还有美好祝福的寓意。

我身姿挺拔，亭亭玉立，犹如君子翩翩风姿，尽显超凡脱俗；我质坚节硬，喻示着人之骨气与操守，坚不可摧；我凌寒独翠，傲视风霜雪雨，彰显君子之志，坚韧而永恒；我心虚怀若谷，恰似君子之谦，广纳百川，胸怀宽广；我色清雅脱俗，更映照出君子清廉高洁之魂。正因我集诸多高洁品质于一身，历朝文人墨客无不倾心颂扬。我同时位于“岁寒三友”“花中四君子”之列，足见我在文化长河中，地位尊崇，意义非凡，是文人精神之寄托、品德之象征。

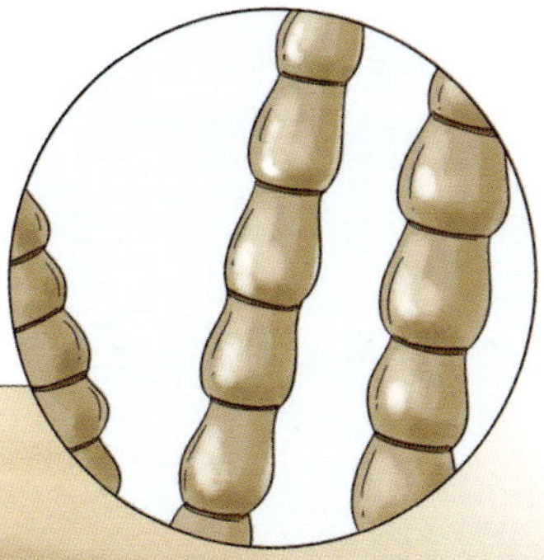

佛肚竹

黄金竹

菊：
“千变”的花中隐士

植物小档案

姓名：菊

学名：*Chrysanthemum × morifolium*

别名：寿客、金英、黄华、秋菊、陶菊、日精、女华、延年

家族：菊科菊属

花期：夏菊在每年农历5月及9月各开花一次；秋菊中早菊花期在9月中、下旬，晚菊花期在10—11月；寒菊花期自12月至翌年1月

产地：中国

用途：观赏、药用、食用

我是菊花，原本只是山野间一朵不起眼的小花，但在3000多年前，古人发现我总在秋末开放，便用我来指示节令。屈原还发现我的味道不错，便把我纳入了食物的行列。经过陶渊明“采菊东篱下，悠然见南山”的大力宣传，我成了人们喜爱的观赏花卉。

我来自植物界的第一大家族——菊科，并且遗传了家族的特征，外形非常多变。

秋末冬初，百花凋零，正是我开花的时候。我成为人们心目中不畏严寒的典范，有“霜下之杰”的美誉，还被列入“花中四君子”。我不仅具有清热解毒、护肝明目等药用功效，还被人们当成长寿的象征。在农历九月初九重阳节这天，我可是当之无愧的主角——人们赏菊、插菊，再采上一捧菊花泡酒或沐浴，以求延年益寿。

千朵花，千张脸

一定有细心的小朋友忍不住疑惑：各种菊花都是一个家族的兄弟姐妹，为什么长相差别却很大呢？

这个问题问得好极了！孙悟空有七十二变，我可比他厉害多了。

我的家族有个秘密，就是大家以为的“一朵花”其实由无数朵花组合而成。我的花真正的模样是管状或者舌状的，也就是常被人们误认为是花瓣的那一部分。每一枚“花瓣”都是独立的个体，它们按照精巧的次序排列成头状花序，最终呈现出层叠细密的形态。古人开始人工栽培菊花之后，发现我的祖先——毛华菊、野菊、甘菊和小红菊等，本身就具有一种特殊的变异能力，繁衍出的下一代有可能变成前所未有的样子。

一般的植物，不同物种之间是不能产生后代的，而我们的厉害之处在于，菊属家族里的不同物种之间，还能进行杂交，繁衍出更多新品种的菊花。利用我们的这种特殊能力，园艺学家经过不断地精心培育，使我们家族源源不断地增加新成员，变得越来越热闹，仅中国本土的菊花品种就超过了 3000 多个。由于数量太多，如何将这些品种分清楚可不是一般人能做到的。园艺学家一般先按照花朵大小和花瓣的类型进行区分，最后再根据颜色或者姿态等特征来命名。

说到命名，我们的名字那真能让你大开眼界。‘墨牡丹’‘帅旗’‘凤凰振羽’‘瑶台玉凤’‘玉壶春’‘藕粉托桂’‘绿牡丹’‘古刹金刚’……这些名字是不是特别有吸引力，让你想一睹真容呢?

采菊东篱下，陶渊明的诗意人生

说到菊花，就不得不提起一位很有意思的诗人了——陶渊明。

这位生性洒脱、特立独行的诗人将我们菊花视为心爱之物。他的房前屋后、院子里、篱笆旁，都种有菊花。“采菊东篱下，悠然见南山”，这样的日子听起来是不是十分惬意？其实隐居没那么舒畅。那时陶渊明一家人生活困顿，常常要为饭食发愁。虽也曾迫于无奈做过几次官，但是他生活的东晋末年，政治动荡、官场黑暗，性格率直的他每次都做不长久，最后还是选择隐居田园。所以我觉得，陶渊明爱菊，何尝不是因为我们菊花不爱在百花争艳之时随波逐流，反而独自绽放于寒冷的深秋初冬，和这位“不为五斗米折腰”的诗人惺惺相惜呢？

满城尽带黄金甲，黄巢的冲天豪情

《不第后赋菊》

黄巢

待到秋来九月八，
我花开后百花杀。
冲天香阵透长安，
满城尽带黄金甲。

在陶渊明的笔下，我们生性淡泊、与世无争，但在黄巢的诗中，金黄的菊花带着冲天杀气，欲将这天下的不公统统踏平。

同样是菊花，为什么差别这么大呢？原来我还有这样一个故事。

唐代末年，藩镇割据、宦官专权，战乱和严重的赋税搞得民不聊生。出身盐商家庭的黄巢苦读多年，原想通过科举入朝为官，实现自己的雄才大略，却事与愿违，多次考试都落榜了。黄巢的满腔热情无处释放，在百花凋零的深秋，他看到长安城最为夺目的盛景：一簇簇金黄的菊花傲然怒放，竟开出了睥睨天下的气势，是何等的英勇无畏啊！黄巢再也无法安居家中，揭竿而起，发动了黄巢起义，给李唐王朝带来了沉重打击。

这段历史之后，我们菊花也一改冷峻清逸，带上了英雄气概和壮志豪情。究竟是菊花成就了黄巢，还是黄巢成就了菊花？

莲：出淤泥而不染

植物小档案

姓名：莲

学名：*Nelumbo nucifera*

别名：荷花、菡萏、芙蓉、芙蕖、莲花、碗莲、缸莲

家族：莲科莲属

花期：6—8 月

果期：8—10 月

产地：中国南北各省。俄罗斯、朝鲜、日本，以及亚洲南部和大洋洲均有分布

用途：观赏、药用、食用

我是莲，小名荷花。我的生命始于水底的淤泥之中，那是一段静默而坚韧的旅程。春天来临，沉睡了一冬的莲藕苏醒了，萌发出细嫩的根须和嫩绿的叶芽。这些芽奋力向上，穿越重重阻碍，最终在水面之上展露出我最初的面貌——一片片圆润的荷叶。夏日来临，我迎来了生命的绽放期，美丽的花朵开放了。花瓣一层层轻轻展开，从洁白到粉嫩，再到深红，绚烂多彩，每一朵花都是独一无二的艺术品。而中心金黄色的莲蓬，则是我孕育下一代的秘密花园。待花朵凋谢后，莲蓬会逐渐成熟，内含饱满的莲子，这是自然赋予的宝贵果实。

我不仅颜值高，用途也特别多。在文人墨客笔下，我是吟诗绘画的题材；在“吃货”眼里，新鲜的莲子、莲藕、藕带，是特定时节才能享受到的美味佳肴；而在传统中医里，我又是通身是宝的良药。这样的我，有谁会不喜欢呢？

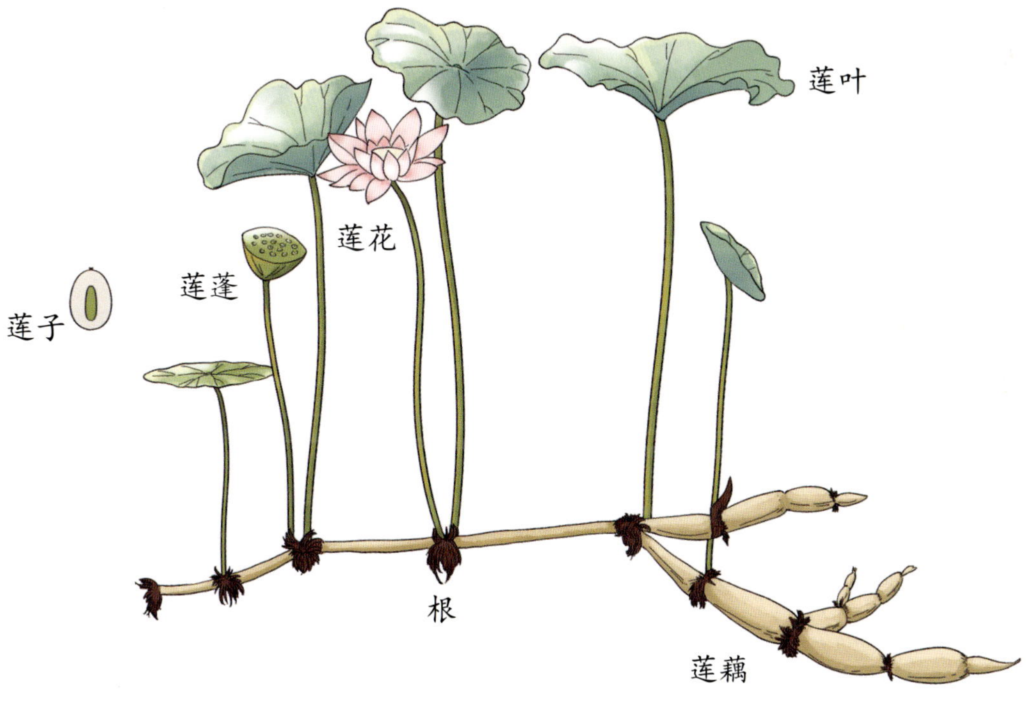

周敦颐爱莲

在北宋时期，有一位著名的思想家、哲学家，叫周敦颐，他与我有着不解的渊源。

“出淤泥而不染，濯清涟而不妖，中通外直，不蔓不枝，香远益清，亭亭净植，可远观而不可亵玩焉。”周敦颐在《爱莲说》中用最美的文字赞誉我，我被崇为君子，引起无数仁人志士的强烈共鸣。

周敦颐为人正直、襟怀淡泊、洁身自好。相传他在南安任司理参军（宋代掌管刑狱、审判的官员）时，为了一个误判的死囚犯人，和上司据理力争、绝不屈服。周敦颐后来成了宋代儒家理学思想的开山鼻祖，朱熹视他为“祖师爷”，黄庭坚盛赞他“胸怀洒落，如光风霁月”。

就是这样的周敦颐，对我情有独钟。他 55 岁时，到星子（今江西庐山）任南康知军（宋代南康军的军事指挥官），在军衙东侧开挖了一口池塘，种满莲花。每当茶余饭后，他或独身一人，或邀三五幕僚好友，于池畔赏花品茗，并写下了千古佳作《爱莲说》。周敦颐一生爱莲，晚年抱病辞官，归隐在庐山莲花峰下，将门前小溪唤作“濂溪”。“濂”与“莲”同音，我与周敦颐紧紧连在了一起，俨然成了周敦颐人生的符号。

在周敦颐的带领下，“出淤泥而不染”也成了我的人生符号。其实，除了我漂亮的花朵在淤泥的衬托下显得特别圣洁之外，我的叶片也有着著名的超疏水特性——“莲叶效应”，这或许才是我“出淤泥而不染”的真正原因。

科普小讲堂

什么是“莲叶效应”呢？

莲叶之所以具有疏水、不吸水的特性，是因为叶面上存在非常复杂的多重纳米和微米级的超微结构，使洒在叶面上的水会自动聚集成水珠，只要叶面稍微倾斜，水珠就会滚离叶面。因此，即使经过一场倾盆大雨，莲叶的表面总是能保持干燥。此外，滚动的水珠会顺便把一些灰尘污泥的颗粒一起带走，达到自我洁净的效果，因此“莲叶效应”又叫“莲叶自清洁效应”，这就是莲叶总是能一尘不染的原因。

藕断丝连

你喜欢吃藕吗？吃藕的时候有没有发现一个奇怪的现象：藕咬断之后会出现很多细丝相连，并且很难扯断。这种现象叫“藕断丝连”，其实古人也早就发现了。唐代诗人孟郊在《去妇》中写道：“妾心藕中丝，虽断犹牵连。”意思是被弃的妻子对丈夫的心犹如藕丝，藕虽然断了，但丝仍相连。因此“藕断丝连”可用来比喻表面上断了关系，实际上仍有牵连。

从科学的角度来看，“藕断丝连”与莲藕的生理结构有关。当藕被折断时，导管内壁增厚的螺旋部脱离，形成螺旋状的细丝，这些细丝在弹性限度内不会被拉断，并且可以拉长至10厘米左右，从而形成了“藕断丝连”的现象。

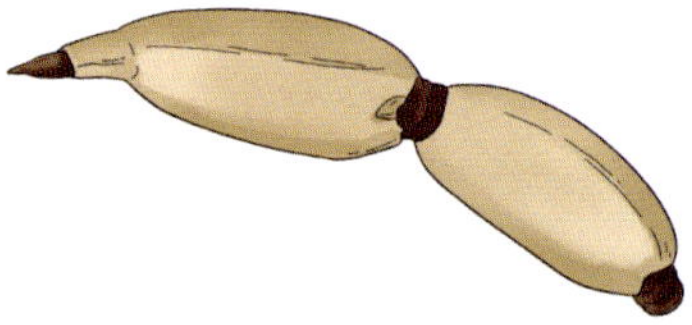

千年古莲

在我的家族里，有一类特殊的成员，它跨越千年而来，那就是古莲。

古莲是由几百年以上寿命的莲子萌发成的植株。莲子在脱落后可以在淤泥中存活数千年，可以说是世界上寿命最长的种子了。如今仍可以在古代遗迹中发现依然有活力的莲子，并且成功种出古莲。比如中国学者在辽宁普兰店泥炭中发现了古莲子。这些古莲子经过精心培育，发芽生长，并开花结实。

科普小讲堂

为什么莲子的寿命能达千年？

其实莲的果实（莲子）是一种小坚果，果皮特别坚韧，完全或几乎不透水，且长期处于休眠状态，新陈代谢几乎停止。莲子埋藏的泥炭层中，空气含氧量少、温度低、湿度小……这些因素都不利于种子萌发。在这样的环境中，莲子的生命力可以保持千年之久。

桂花：
桂影千年，天香云外

银桂

金桂

丹桂

植物小档案

姓名：桂花

学名：*Osmanthus fragrans*

别名：木樨、岩桂、金粟、天香

家族：木樨科木樨属

花期：9月至10月上旬

果期：翌年3月

产地：中国西南部

用途：观赏、香料

我是桂花，小名木樨，在中国有 2500 多年的栽培历史。在中华文化中，我常与月亮和中秋有关。你听过那些与我有关的神话故事吗？比如“月中桂树”“吴刚伐桂”“蟾宫折桂”……这些故事里都有我的身影哦。

如果你仔细观察，会发现我的叶脉很像汉字“圭”，因此得名“桂”，加上“桂”与“贵”谐音，我便成为“高贵”“富贵”的象征。我的枝干材质致密，纹理如同犀牛角，因此又有“木樨”之名。我常常丛生在岩岭之间，还被叫作“岩桂”。

“生得粟来大，妆成蜡样黄。”我的花朵非常小，就像金黄色的小米，所以我有“金粟”的别称。我的家族成员根据花的颜色，可以分为金桂、银桂和丹桂，还有一种四季桂，虽然香味偏淡，但一年可多次开花。在中国的古典园林里，桂花常两两对植，寓意“两桂当庭，双桂留芳”。

人们喜爱我，不在形，却在味。我的香味，馥郁甜香、沁润心田，古人用“天香”来形容我，简直再合适不过了。为了能长久留存我的花香，并把花变成舌尖上的美食，人们把我的落花收集起来，放在阴凉处晾干后，密封贮存于瓶子里备用。我可以用来熏茶、泡茶、酿酒，以及制作各种美味佳肴，比如桂花糕、桂花粥和桂花山药等。

月桂传说，蟾宫折桂

“不是人间种，移从月中来。”在中国，我与月亮有着不解之缘。西汉时期的《淮南子》里提到“月中有桂树”——古人观察到月中有朦胧的黑影，形状像棵桂花树，“月中桂树”的传说便在民间广为流传。我和嫦娥、玉兔一起，成为月中“圣物”。当人们举头望月时，常把我们视为美好和幸福的象征，月亮也因此有了诗意而富有想象力的雅称：“桂月”“桂轮”“桂宫”“桂魄”，而月光被称为“桂华”。

“月中桂树”的传说还演化出成语“蟾宫折桂”。屈原在《天问》里提到月宫里有蟾蜍，月亮因此也被称为“蟾宫”。蟾宫与桂枝结合，便有了“蟾宫折桂”一词，喻意在科举考试中取得佳绩，而我也沾了金榜题名的喜气，人们将科举考试称为“桂科”，将考试高中称为“折桂”，科举登科者的名册则称为“桂籍”。

桂枝，也是杰出人才的代名词。晋武帝司马炎曾问大臣郤诜（xì shēn）如何自我评价，郤诜回答说：“我就像月宫里的一段桂枝，昆仑山上的一块宝玉。”晋武帝听后，大为赞赏。此后，月宫里的桂枝，常用来比喻优秀的人才。

唐代后出现了“吴刚伐桂”的故事。传说月宫中有一棵高达 500 丈（1 丈约等于 3.33 米）的桂花树，一位名叫吴刚的仙人因为触犯了天条，被罚去砍这棵桂花树，但神奇的是，这棵树被砍了之后随即又会愈合。很多年过去了，桂花树依然生机勃勃，吴刚只能继续这项永无休止的劳动。

香飘万里，花中一流

我的香味沁人心脾，香飘万里，具有极高的辨识度。“黄金蕊密露华重……人间无物比天香”“天香下桂殿，仙梵入伊笙”，古人认为我的香味是当之无愧的“天香”。如果要概括具体的味道，人们常用“甜香”来形容我，但我觉得仍不足以表现我的独特之处。当你第一次闻到我的香味时，会感觉浓香扑鼻，随后渐渐淡去，继而重新变得浓烈，一起一伏无穷尽，萦绕的花香早已浸润人心。大才女李清照形容我为“情疏迹远只香留”，且认定这一香“梅定妒，菊应羞”，堪称“花中第一流”。

科学家们发现，我身上含有丰富的挥发油，大约有 60 种香气成分，仿佛是大自然精心调制的香水。我的香味能帮助人们缓解紧张和压抑的情绪，使心情变得愉悦。更神奇的是，我还有杀菌和净化空气的作用，简直是天然的空气清新剂！

桂绽中秋，花好月圆

“桂子月中落，天香云外飘。”我在农历八月盛开，歌曲《八月桂花遍地开》唱的就是我，八月因此也称“桂月”。这个时候的南方，常会出现短暂的闷热，民间常以“桂花蒸”来形容此时发威的“秋老虎”。

农历八月十五是我国的传统节日——中秋节。月到中秋分外明，中秋的月亮，是一年之中最圆最大的。此时秋高气爽，天清如水，正是赏月的好时候。在中秋节，我那灿若金粟的小花朵，把树叶间的缝隙填得满满的，空气中弥漫着我甜美的花香，当风吹过，花朵轻轻落下，这是我精心准备的“桂花雨”。人们在我的树下，赏明月、吃月饼，氤氲花香中，全家共庆团圆佳节。

花好月圆人团圆，赏桂赏月正当时。

萱草：
忘忧之草，母亲之花

植物小档案

姓名：萱草
学名：*Hemerocallis fulva*
别名：忘忧草、鹿葱、川草花、忘郁、丹棘
家族：阿福花科萱草属
花果期：5—7 月
产地：中国南北均有栽培，秦岭以南各省区有野生分布
用途：观赏、食用、药用

我是一株萱草，小名忘忧草。在春夏交替时节，我灿烂地绽放，向人们宣告夏日的到来。我的身姿飘逸优美，可与百合一争高下。晋代文学家夏侯湛在《忘忧草赋》中盛赞我“体柔性刚，蕙结兰芳……远而望之，烛若丹霞照青天；近而观之，晔若芙蓉鉴绿泉。萋萋翠叶，灼灼朱华……”。

中国是我的故乡。我不仅是历史悠久、生命力顽强的忘忧草，更是中国人世代相传的母亲花。早在约 3000 年前，我就在中国最古老的诗歌总集《诗经》中留下了足迹。此后，历代文人墨客以我为题材，挥毫泼墨，留下了一篇篇脍炙人口的诗篇和画作，我成了中华文化中不可或缺的温情符号。

在现代园艺的舞台上，我依旧光芒四射。作为国际公认的宿根花卉佼佼者，我以花大色艳、色彩缤纷的优势，广泛应用于各类园林景观设计之中。如今，经过中外育种专家的共同努力，我的品种总数已经突破 10 万个，颜色也从常见的橙色、黄色，增加到红色、粉色、紫色、白色等多种缤纷的色彩。在世界园林史上，源自中国的萱草写下了浓墨重彩的全球种植传奇。

花开一日，忘忧一生

我朝开暮谢，一朵花只能开一天，所以又被称为“Day lily”（一日百合）。不过，我的一支花莛上可以开出很多朵花，今天的花谢了，明天还会开出新的，总花期能持续几个月。

人们常常把我跟忘忧联系在一起。《诗经》中记载“焉得谖草，言树之背？”，意思是何处能寻得萱草，种于庭院之背（即北面），以解忧愁呢？这里的“谖草”就是“萱草”，而“谖”的本意是忘却，足见那时的人们就认为我能够消除烦恼与忧愁。后来，晋代文学家张华在《博物志》中写道：“萱草，食之令人好欢乐，忘忧思，故曰忘忧草。”这应该就是忘忧草这个名字的最早出处了。

在久远的中国文化中，我以“忘忧”的身份承载着人们浓浓的情感。唐代大诗人白居易和刘禹锡还有一段关于我的诗词回赠小故事呢。

刘禹锡先给白居易写了一首诗《赠乐天》，其中的“唯君比萱草，相见可忘忧”把白居易比作萱草，意指跟他相见就可以忘却忧愁。白居易为此应和，在《酬梦得比萱草见赠》中写道：“杜康能散闷，萱草解忘忧。借问萱逢杜，何如白见刘。”白居易把刘禹锡比作可以排郁解闷的杜康酒。这两位好友，互相以酒和萱草做比喻，表明谁也离不开谁，离开了彼此就不会快乐。

其实，从科学层面说，我确实有让人忘忧的本领呢！《本草纲目》中记载，服用我的根、叶具有缓解身体烦热、去湿气、凉血的药理功效，使人心安神定，暂时忘却烦恼与忧愁。现代科学研究发现，我的体内有一种叫黄酮的成分，确实有抗抑郁、镇静安神的作用。清代名医费伯雄还写下了一张“萱草忘忧汤”的药方。这个“萱草忘忧汤”一直流传下来，现在中医还用它来治疗忧郁症呢！

萱草生堂阶，游子行天涯

我在中国文化中还是慈母的象征。相传由东汉女诗人蔡文姬所作的乐府诗歌《胡笳十八拍》里，母亲对儿子的深深思念甚至到了连我们萱草也无法使其忘忧的地步：“对萱草兮忧不忘，弹鸣琴兮情何伤！今别子兮归故乡，旧怨平兮新怨长！”意思是母亲对儿子的思念太深了，对着萱草，忧愁依旧，弹琴也无法平复心情。现在要和儿子分别，回到故乡，旧的怨恨平息了，新的忧愁又来了！

“慈母手中线，游子身上衣。临行密密缝，意恐迟迟归。谁言寸草心，报得三春晖。”这首来自唐代诗人孟郊的著名诗篇《游子吟》，展现了一个特别让人感动的场景：一位慈祥的母亲在儿子远行前为他一针针地缝制衣衫，生怕儿子回来得晚衣服破损。有谁敢说儿女像小草般的孝心，能够报答得了如春日暖阳般的慈母恩情呢？这里的“草”指的就是我们萱草，代表着对母亲的爱。

另一位唐代诗人聂夷中在《游子行》中也写道：“萱草生堂阶，游子行天涯。慈亲倚门望，不见萱草花。”游子临行前，总会在母亲居处——北堂，种植我们萱草以表达孝心，借萱草的“忘忧”之意，希望母亲能够放宽心。久而久之北堂又称“萱堂”，而“萱堂”可代称母亲，“北堂植萱”引申为母子之情。人们还用“椿萱并茂”来表示父母都健康，其中椿（香椿）象征着父亲，萱（萱草）代表母亲。

因为我生命力顽强，生长茂盛，不仅代表了子女对母亲深深的爱，也寄托了子女希望母亲健康长寿、生活无忧的美好愿望。于是，萱草作为中国的“母亲花”，就这样一代代流传下来，成为孝亲和母亲的象征。

苎麻：享誉世界的“中国草”

植物小档案

姓名：苎麻

学名：*Boehmeria nivea*

别名：中国草、野麻、野苎麻、家麻、苎仔、青麻、白麻

家族：荨麻科苎麻属

花期：8—9 月

果期：10 月

产地：中国南方大部分地区均有分布，以及甘肃、陕西、河南南部广泛栽培。越南、老挝等地也有分布

用途：纤维、药用、饲料、油料

我是苎麻，小名中国草。中国有一句俗语：“清明前后，种麻点豆。”这里的“麻”指的就是我。我在中国南方非常常见，只要你们留心观察，不管是公共绿化带还是小区，亦或是农村的房前屋后，都能发现我的身影。还不知道我长什么样？《本草图经》中记载：“纻麻苗高七八尺，叶如楮叶，面青背白，有短毛。夏秋间着细穗、青花。”描述的就是我的形象。

我是人们较早利用的麻类植物之一。在浙江省新石器时代遗址中，就曾发现用我纺织而成的平纹细布，这意味着我在中国的历史至少有 4700 年了。“东门之池，可以沤纻”（《诗经·东门之池》）。这里的“纻”指的就是苎麻。诗中生动地描绘了青年男女在护城河里浸麻、洗麻的场景。经过漂白处理后的苎麻纤维，用手指梳成一根根苎麻细丝，就可以织成夏布了。

天然纤维之王

说到夏布，那可是解决了人们穿衣的大问题呢。棉花还没有传入中国之前，产量少、价格贵的丝绸根本满足不了人们的需求。相比之下，我们苎麻的优势非常明显——可以大面积种植，一年能够收获三季，产量很高，用苎麻做成的衣服，平民百姓都能穿得起。不仅如此，我的纤维非常优质，透气性好，深受人们的喜欢。因此，我成为中国古代重要的纤维作物之一。

先秦时期，上至天子、下至平民都穿着我做成的衣服。在纺织材料有限的情况下，人们开始研究纺织技艺，从而形成了各种层级的布料。不同的身份等级可以用衣料的精细程度来区分。天子用的是 30 升麻布做的麻冕，王侯贵族的衣服则是用 15 升以上麻布和丝制成白而精细的深衣，而平民只能年老时才可穿丝，其余时间穿粗苎麻和大麻衣。到了唐代以后，随着我的大面积种植，士人、儒生、隐士、僧人、道人、普通民众都开始大量用我来制衣。进士穿的襕衫就由苎麻布制成，举人身着白苎衣，儒生着苎袍，山间隐士穿着用我做成的隐士衫。

苎麻做成的袍衫

为什么古人这么喜欢用我来制衣呢？那是因为我的纤维结构拥有顽强的生命力，不易受霉菌腐蚀和虫蛀，被誉为“千年不烂软黄金”。

此外，我的纤维也是各类麻纤维里面最长且强力最大的，比最高级的棉花还要长3~6倍，经过脱胶加工处理后，洁白如玉、光泽良好，染色后也不易掉色。由我精制的夏布可以用“轻如蝉翼，薄如宣纸，平如水镜，细如罗绢”来形容，由夏布制作的衣服轻薄透气、舒适凉爽，就连皇帝也很喜欢穿，还会有谁会不喜欢呢？

20世纪30年代，在首届巴拿马太平洋万国博览会上，苎麻制成的双林夏布获得了金奖，我因此得名“中国草”，被誉为“天然纤维之王”，这可是我一生中最骄傲的时刻了。

白夏布单衫

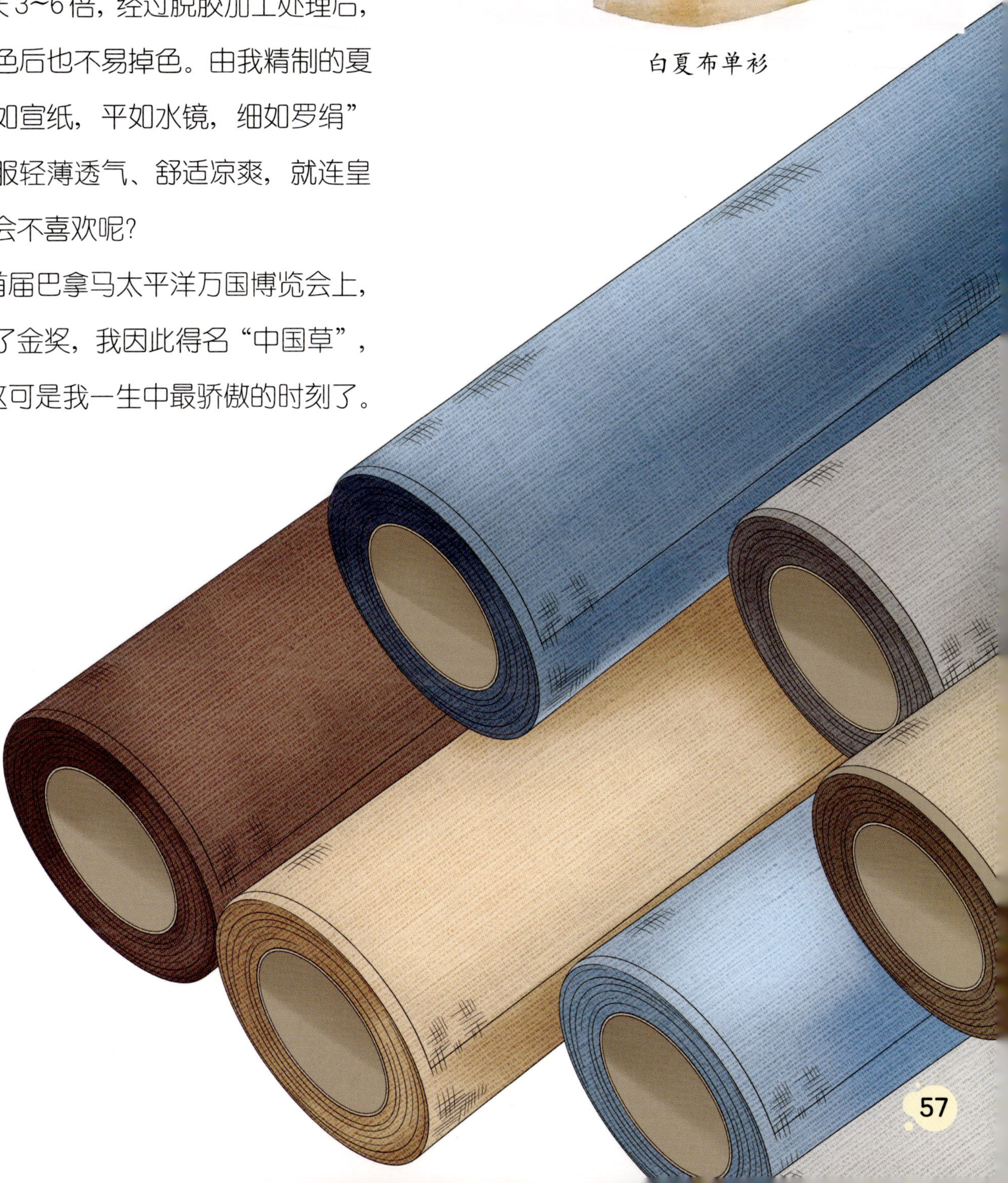

蔡侯纸的大功臣

众所周知，造纸术是中国四大发明之一。其实，蔡伦并不是造纸术的发明人，他主要是改进了造纸术，从而让纸张得到了大规模的普及。为了纪念蔡伦的功绩，后人把他做出的纸叫“蔡侯纸”。

你知道吗，我在“蔡侯纸”的诞生过程中也发挥了重要的作用。蔡伦改进造纸术的重点在于原材料的选择。他经过反复试验，从原来的丝质缣帛转向植物纤维（麻），改用树皮、麻头及敝布、鱼网等作为造纸原料，其中麻头就是我做成的。同时他在加工程序中增加了挫（切断原料）、捣（对纤维充分捣制）等工艺，让我的优势能够更好地发挥。毫不客气地说，是我赋予了“蔡侯纸”优良的性能与品质。

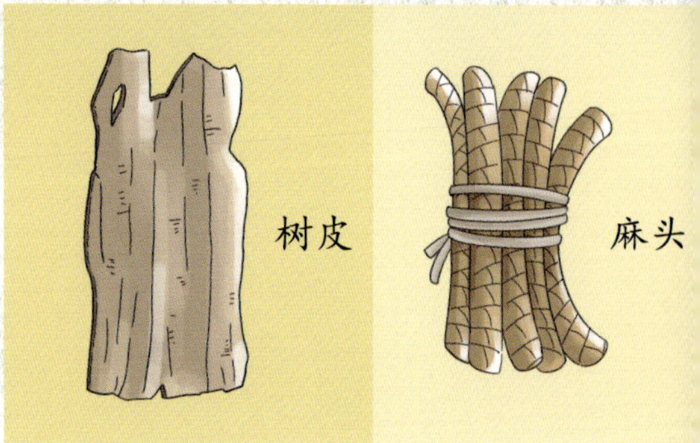

蔡伦

科普小讲堂

麻类家族的其他成员：火麻和苘麻

我虽然优秀，但也只是麻类家族的一员。其实，除了我之外，还有很多同胞跟我一起承担着纺织界的重任，今天给大家介绍两位兄弟：火麻和苘麻。其中火麻比我还厉害，出现的次数比较频繁，而苘麻比较害羞，亮相的次数相对较少。

火麻，就是普通大麻，是古代纺织界的“顶梁柱”，与臭名昭著的毒品大麻可不是一回事哦！你可别看它长得瘦瘦高高，它的纤维细度是家族成员当中最小的，尤其是它超强的耐热性让其他兄弟们望尘莫及。人们不仅用它来纺布织衣，还将其作为冬衣的填充物来御寒过冬。火麻还可以做成麻绳、麻线、麻纸等，用途十分广泛。

苘麻的历史也很悠久。在河姆渡遗址中，曾经出土过以苘麻为原材料制成的绳索，距今已经有7000多年了。可苘麻的利用价值明显低于我和火麻，在古代常用于制作丧服，也可制成麻绳、草鞋、麻袋等生活用品。

芦苇：
《诗经》中的宝藏植物

植物小档案

姓名：芦苇
学名：*Phragmites australis*
别名：芦、苇、葭
家族：禾本科芦苇属
花期：8—9 月
果期：10—11 月
产地：中国各地，为全球广泛分布的多型种
用途：观赏、建材、食用、药用

我是芦苇，千古传唱的《诗经》名句“蒹葭苍苍，白露为霜”中的“葭”就是古人给我的爱称，这也让我有了诗情画意的浪漫气质。我喜欢生活在水边，不管是在湖泊、河流沿岸还是沼泽，都能看到我高大优美、随风摇曳的身姿。

美丽的我，除了可以入诗入画，还是人们生活中的好帮手。我的美味已经是一个公开的秘密：嫩根和芽含有甜丝丝的汁水。宋代有个叫沈括的人，在其所写的《梦溪笔谈》里还夸过我的味道特别甜美呢！我的叶片是粽叶的主要材料，由于其自带一种天然的清香，所以包的粽子也散发出怡人的香气。

除了好吃，我还能帮助人们治病呢。《神农本草经》和孙思邈写的《千金要方》、李时珍写的《本草纲目》中，都记载过我的根，也就是芦根，具有清热生津、除烦止呕、利尿等药用价值。

芦芽

用芦苇叶包粽子

不畏洪水的“强大法器”

相传女娲用五色巨石补上了天空的大窟窿后，虽止住了滔天大雨，但是地面的洪水还在泛滥，当她一筹莫展的时候，看到我在水边生长得郁郁葱葱，心想芦苇不怕水，或许能派上用场，便将我烧过之后的灰烬堆积起来，堵在洪水决堤的地方。这个办法果然奏效了，猖獗的洪水被挡住了。从此，女娲“聚芦灰以止滔水”的神话故事，也就流传了下来。

神话当然有许多夸张之处，不过这故事里有一点还真没说错：芦苇不怕水！属于禾本科的我，身材高大，天生亲水，即使被洪水淹没，水退去之后很快就能恢复生机。

从远古时代开始，人们就发现了我的这个神奇特性，并且对不畏洪水的我大为佩服，后来还在想象里给我加上了不少强大的“法力”。

一苇杭之

《诗经 · 卫风 · 河广》中记载了一位乐观的宋国人的故事。这个人旅居在卫国，在回家的路上，面对波涛汹涌的黄河，思乡心切，感叹道：“谁谓河广？一苇杭之。”意思是谁说归途中的黄河太宽，我踩着一根芦苇就能渡过去。他的乐观感染了许多人，于是后世包括杜甫、苏东坡在内的很多大文豪，在遇到挫折时，也爱用“一苇杭之”的典故来给自己加油鼓劲。后来，人们发挥聪明才智，真的造出了“芦苇船”（芦苇编制而成的筏），将想象化为现实。在《三国志》和《宋史 · 杨澈传》中都记载了古人在作战时砍伐芦苇造筏的事迹。

由于先民们对我们芦苇的崇拜和喜爱，我们也成为民间传说中具有法力的重要角色。《山海经》中记载神荼和郁垒两大门神，受黄帝之命，负责捉拿祸害人间的恶鬼。他们用来捉鬼的法器之一，就是芦苇绳索。古人相信芦苇编织成的绳索法力无边，让恶鬼无法挣脱。神荼和郁垒将恶鬼捆住后，丢去喂老虎，从而保佑人们平安。至今在有些地方，人们还保持着在门楣上挂芦苇绳索护宅的习俗。

历史悠久的编织材料

根据目前的考古发现，7000 多年前的河姆渡时期，人们就已熟练地利用我来编织实用又美观的芦苇席了。

那时，阳光温柔地洒在河姆渡的土地上，河水悠悠流淌。聪明勤劳的河姆渡人来到河畔，精心挑选出一丛丛品质优良的芦苇。他们将芦苇割下，带回村落，开始了复杂而有序的制作工序。他们先把芦苇茎秆进行晾晒，待水分蒸发后，再剥掉外皮。接着，用骨刀、石器等工具，将茎秆剖成一条条纤细的篾条。编织时，他们的双手如灵动的舞者，上下翻飞，手指灵活地穿梭于篾条之间。就这样，原本松散的篾条逐渐变成了紧密结实的席面。

由于我们随处可见，编织出来的物件也轻便耐用，便开始越来越多地进入人类的生活。文人雅客常在书房布置苇帘，不仅遮光避暑，还给他们吟诗作赋提供了不少灵感。大诗人白居易就在他的《新构亭台示诸弟侄》中写道，“芦帘前后卷，竹簟（diàn）当中施”，好一派雅致的意境。除了席子和卷帘外，我还能化身为屏风、坐垫、笼子、帽子和绳子，成为人类坐卧起居、舟车旅行，甚至修建房屋都离不开的必需品。

我能修建房屋，是不是很不可思议？这可不是什么新鲜事。位于浙江余姚的河姆渡遗址中就出土了苇席残片。人们据此推测，苇席是当时的人类修建房屋时，用来铺盖屋顶的重要建筑材料。不仅如此，白居易的《初到江州》等名诗中都记载过编织芦苇修补房屋的事迹。

河姆渡遗址出土的芦苇残片

芦苇席

芦苇卷帘

我是随处可见的小小芦苇。在数千年的朝夕相处中，我早已成为人类日常生活的一部分：在春节的门神画像里，在旅人颠簸的车厢内，在白居易破陋的草堂旁，在热气腾腾的鲜粽上，在苇塘夕照的鸟影下……默默地守护着，这值得的烟火人间。

“码”上跟随

AI植物学家

一起解密植物背后的中国故事

1 听播客 涨知识

收听植物故事，加深记忆。

2 玩游戏 学得进

趣玩消消乐，爱上学习。

3 理图谱 懂得快

梳理核心知识，加速理解。

4 有疑惑 直接问

对话好奇博士，拓展知识。

植物里的中国故事

蔬果篇

顾问●傅廷栋　主编●刘宏涛　张莉俊

長江出版傳媒
湖北科学技术出版社

图书在版编目（CIP）数据

植物里的中国故事．蔬果篇 / 刘宏涛，张莉俊主编．
武汉 ：湖北科学技术出版社，2025．9．-- ISBN 978-7
-5706-4313-4

Ⅰ．Q94-49

中国国家版本馆 CIP 数据核字第 20255RK529 号

植物里的中国故事·蔬果篇
ZHIWU LI DE ZHONGGUO GUSHI SHUGUO PIAN

责任编辑：周 婧
责任校对：童桂清 封面设计：喻 杨

出版发行：湖北科学技术出版社
地 址：武汉市雄楚大街 268 号（湖北出版文化城 B 座 13—14 层）
电 话：027-87679468 邮 编：430070

印 刷：湖北新华印务有限公司 邮 编：430035

---

787 毫米 ×1092 毫米 1/12 5.5 印张 100 千字
2025 年 9 月第 1 版 2025 年 9 月第 1 次印刷
定 价：198.00 元（全四册）

“植物里的中国故事”丛书

编委会

读植物故事，品中华文明

翻开这本书，如同开启一场穿越时空的文化之旅。那些看似平凡的植物，实则是中华文明五千年智慧的密码本。一株柳树，承载着多少离愁别绪；一枝寒梅，凝结着多少文人风骨；一粒黍米，丈量着多少文明尺度。这些静默生长的生命，恰如渊博的智者，把中华文化的深邃与博大向我们娓娓道来。

“植物里的中国故事”丛书选取了 40 种具有中国特色的植物，在这 40 种植物的年轮里，镌刻着先人对自然的敬畏与智慧。当代青少年生活在数字化的浪潮中，更需要这种扎根大地的文化滋养。当你们了解苏轼为何“宁可食无肉，不可居无竹”时，领悟的不仅是一种植物特性，更是一种精神气节；当你们读懂“薏苡明珠”的典故时，收获的不仅是一个成语，更是一面照见人性善恶的明镜。这些植物故事就像一把把钥匙，能打开传统文化宝库的大门，让抽象的文化概念变得可触可感。

希望这套书能成为你们探索中华文明的起点。当你们在生活中遇见这些植物时，看到的将不仅是花草树木，更是流动的历史、活着的文化。愿你们以这些植物故事为媒，建立起与传统文化的情感联结，让中华文明的根系在新时代继续茁壮生长。

中国工程院院士

华中农业大学教授

傅廷栋

目录

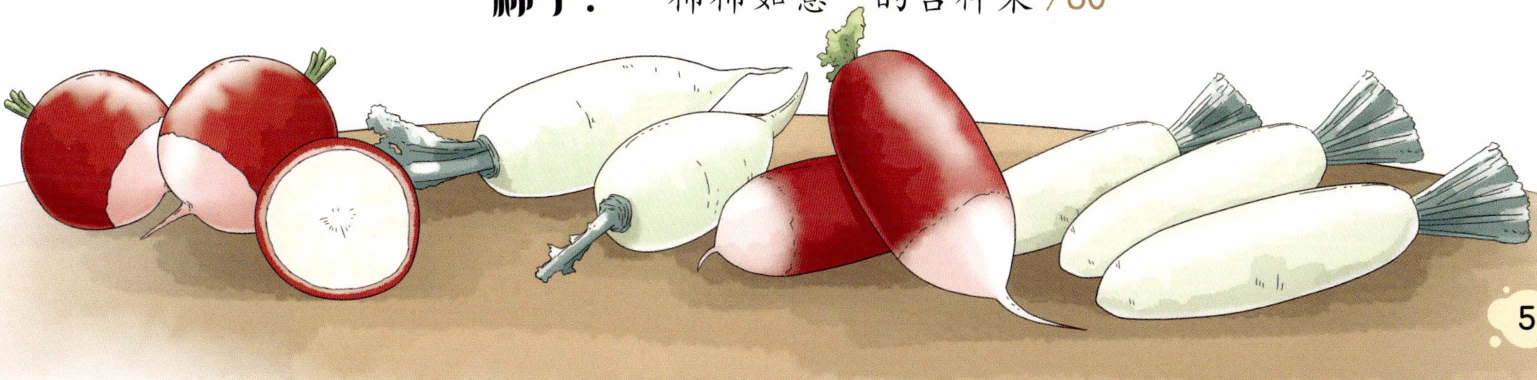

冬葵：古代的“百菜之主”

植物小档案

姓名：冬葵

学名：*Malva verticillata var. crispa*

别名：葵菜、滑菜、滑肠菜、冬苋菜、冬寒菜

家族：锦葵科锦葵属

花期：5—9 月

产地：中国湖南、四川、贵州、云南、江西、甘肃等地

用途：食用、药用

小朋友们，你们知道古代的蔬菜长什么样子吗？我就是来自两千年前的蔬菜明星——“冬葵”！我有着圆圆的叶子，带着锯齿花边，非常可爱。古人很早就发现我的茎叶鲜嫩、口感爽滑，还带着阵阵清香，这也让我成了一道美味的蔬菜。《黄帝内经·素问》中提到了“五菜”，即葵、韭、藿、薤（xiè）、葱。而我，冬葵，可是被排在“五菜”之首呢！

大家都听说过汉乐府《长歌行》吗？“青青园中葵，朝露待日晞……少壮不努力，老大徒伤悲”，其中的“园中葵”，就指的是我。你们看我成名有多早呀！

《诗经》中有记载“七月亨葵及菽”，意思是七月煮葵菜和大豆，可见先秦的古人们已经将煮葵当作日常生活的一部分了。汉代《四民月令》提到葵可以在多个季节栽种，说明我在汉代时也经常被人们采来食用，北魏贾思勰在《齐民要术》中更是将我列为蔬菜中的第一。从唐到元，我成为老百姓餐桌上的主要蔬菜，元代王祯在《王氏农书》中将我称为“百菜之主”。

拔葵去织：当官不与民争利

由于我的味道鲜美，深受人们的喜爱，历史长河里留下了不少关于我的故事。比如，《汉书》里就有一个“拔葵去织”的故事，说的是鲁国的国相公仪休尝了冬葵，觉得非常好吃，就把自家菜园种的冬葵都拔下来扔掉了。他看见自己家织的布好，就烧毁了织布机。这是为什么呢？原来，他觉得如果不这样做，农民和织妇便无法卖掉他们的货物了，自己既然拿了国家俸禄，便不应再做与百姓争利的事，这样才能使利益均衡，民众可以自给自足而生活无忧。

连司马迁都夸赞公仪休，感慨他拔葵去织的做法蕴含着深刻的治国之道：如果那些身居高位的人凭借他们的势力与民争利，老百姓不可能争得过，而且利益会受到影响。于是，“拔葵去织”就成了当官清廉、不与民争利的著名典故。

鲍照葵：寒士的最佳代言人

让我的名气登峰造极的大功臣当属南朝宋文学家鲍照，他还专门写了一首《园葵赋》来赞美我。“白茎紫蒂，豚耳鸭掌……萋萋翼翼，沃沃油油……甘旨蒨脆，柔滑芬芳”，我在自然的哺育与农人的辛劳呵护下蓬勃成长，优美的姿态和鲜美的口感得到了鲍照的赞美。更重要的是，他说我品质高洁、荣辱不惊。“仕非鲁相，有不拔之利”，种植我的都是平民百姓，不会面临被拔掉的危险；“宾惟二仲，无逸马之忧”，来访的客人多是廉洁寒士，也不会让我遭受马踏的厄运（权贵才骑得上马）。他将我比喻成出身贫寒的士人，既不甘于沉沦，也不趋炎附势，只是默默奉献于普通百姓，虽不能显达，却有自己的道德和价值。

他认为做人应该像我一样，不因出身贵贱、仕途的穷达而妄自菲薄。这一名篇让我在文人中备受推崇，甚至有人称我为“鲍照葵”，可见影响之深远。

葵藿倾阳：“向阳界”的先祖

除了美味，我还有一个特别的技能，那就是向阳性。这个发现可比向日葵早太多了。《左传·成公十七年》中记载了孔子说我“犹能卫其足”，意思是我的叶子能够向太阳方向倾斜，以遮蔽根部，保护其不受日晒，这也让我得到了“卫足”的名号呢！《淮南子》中记载的“圣人之于道，犹葵之与日也，虽不能与终始哉，其乡之诚也”，其实说的是我始终向着太阳，是忠诚的表现。

三国魏曹植《求通亲亲表》中提到“若葵藿之倾叶，太阳虽不为之回光，然终向之者，诚也。臣窃自比葵藿”，曹植将自己比作我的叶子，将皇帝比作太阳，表示要倾心追随。从此，“葵藿倾阳”也特别用来表示忠诚，彰显忠贞。“葵藿倾太阳，物性固莫夺”“太阳之晖，远鉴于倾藿”，诗人们都歌颂我永远朝着太阳的忠诚品质。想不到我会以这种方式受到人们的喜爱。

辉煌不在，但“葵”字永流传

朋友们，你们肯定奇怪，现在的我怎么没那么常见了呀！哎，自从宋代白菜成为人们餐桌上的新宠后，我就逐渐被冷落了。

但是，我的大名“葵”流传了下来，很多植物因为和我的一些特性相似，也用上了“葵”这个名字，比如著名观赏植物蜀葵，因为叶子长得比较像我的而被称为“葵”；落葵、龙葵、秋葵，都因为吃起来滑溜溜、黏糊糊的，口感像我而使用了我的“葵”字当名字呢！当然还有著名的向日葵，它为什么能叫葵呢？哈哈，聪明的你一定猜到了，它是因和我一样向阳而得名呢！

这样看来，我虽然逐渐淡出了餐桌，但还是以另外一种形式出现在人们的生活和文化中。

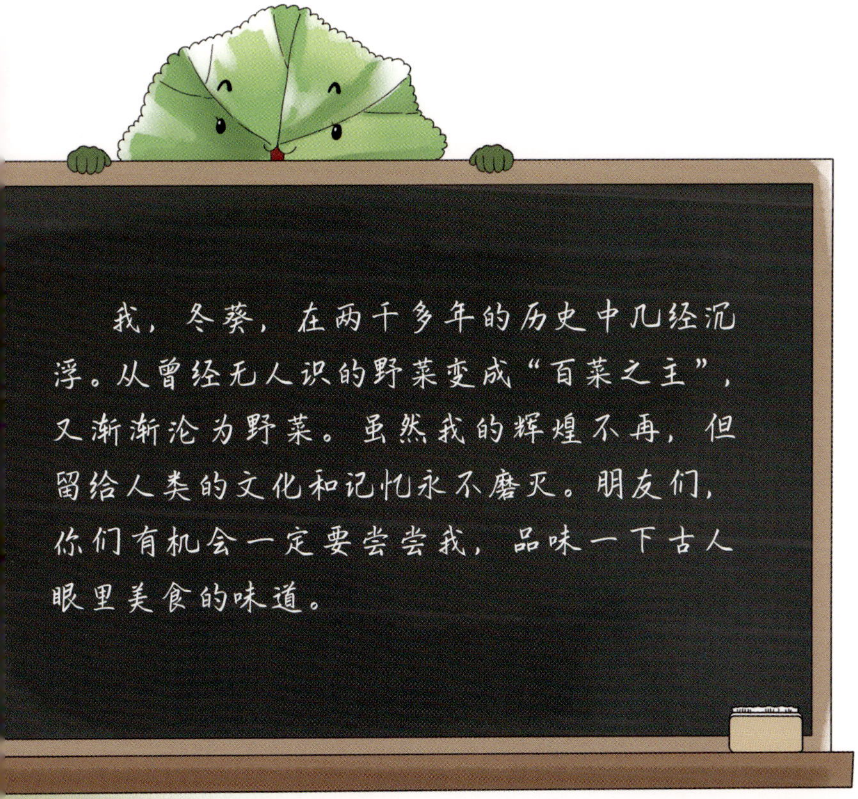

白菜：

百姓之菜藏百味

植物小档案

姓名：白菜

学名：*Brassica rapa var. glabra*

别名：大白菜、菘、黄芽菜、结球白菜

家族：十字花科芸薹属

花期：5月

果期：6月

产地：中国华北地区

用途：食用、药用

我是白菜，人称“百姓之菜”。“白菜可做百样菜”，蒸、煮、炒、熘、腌、拌、烩等“十八般武艺”，我样样在行。不仅如此，我还“上得厅堂入得厨房”，既能做成国宴名菜 “开水白菜”，也能做成四季三餐里的醋熘白菜、白菜炖豆腐、猪肉白菜炖粉条等家常小菜。

1 国宴名菜
——开水白菜
2 醋熘白菜
3 白菜炖豆腐
4 猪肉白菜炖粉条

我是持家的好帮手，价格非常亲民，人们常以“白菜价”形容价廉而物美。在食物短缺的年代，产量高、耐储存的我，堪称“宝藏蔬菜”，家家户户都离不开我。漫漫寒冬，有了我的陪伴，人们更是温暖又安心。

人们不仅钟情于我的美味，还从我身上悟出不少生活的智慧，例如，强调饮食要营养均衡的“鱼生火，肉生痰，白菜萝卜保平安”，还有表达个人志趣追求的“萝卜白菜，各有所爱”。

春韭秋菘

中国的饮食文化博大精深，素来讲究“不时不食”，顺应自然，吃当季的食物，“春韭秋菘”是最好的体现。初春的韭菜鲜嫩欲滴，秋末的白菜清甜爽口，皆为时令佳品。

对了，这里先来说一说“菘”，这是我的古称，古人认为我有松树的性格特点，凌冬不凋，身姿挺拔，所以在“松”字上面加了一个草字头，起了“菘”之名。

成语“春韭秋菘”，源自《南齐书·周颙（yóng）传》里的一个故事。有一天，文惠太子萧长懋（mào）向周颙请教：“哪一种蔬菜味道最好呀？”这个问题算是问对人了，周颙不仅文学造诣高，还精通佛学，曾隐居金陵（今江苏南京）钟山，以蔬食为乐，菘是其常食蔬菜，所以周颙不假思索地答道：“春初早韭，秋末晚菘。”

白菜县令

到了宋代，我由“菘”逐渐被唤作“白菜”。简简单单的青白二色，朴实无华的我在人们心中，是洁身自立、清正廉明的象征。

明代万历四十四年（1616 年），江西省铅山县迎来了一位贤吏——笪（dá）继良。这位县令到任后，广开言路，勤政爱民，所作的《白菜图》被后世传为佳话。

笪继良亲笔绘就一幅青翠白菜图，并题词“为民父母，不可不知此味；为吾赤子，不可令有此色”。寥寥数句，道尽为官真谛，父母官（旧时指地方长官）当体察民间疾苦，须励精图治，不能让子民百姓缺衣少食，面带菜色。笪继良请匠人将《白菜图》镌刻在石板上，立于县衙醒目处，以此自勉。因为爱民如子，治县有方，笪继良调离铅山时，铅山百姓夹道泣送，“白菜县令”的美名从此载入青史。

笪继良的《白菜图》

齐白石画白菜

我一直是画家青睐的对象，大画家齐白石爷爷就很喜欢画我。他曾在画作《白菜辣椒》上题写妙语“牡丹为花之王，荔枝为果之先，独不论白菜为蔬之王，何也”。在画家爷爷眼里，我清白本色、质朴无华的品格，恰是“蔬中君子”的最佳写照，所以爷爷称赞我为“蔬之王”，真是太开心了！

齐白石爷爷生于旧社会的穷苦人家，对我怀有深厚感情，常以我入画，这既是对儿时岁月的温暖回忆，也是对清白家风的传承。他曾说，之所以把我画得这么好，是因为领悟了我内在的“蔬笋”与“清白”之气，所以他笔下的我充满了生命力和感染力。

齐白石的《白菜辣椒》

家族的明星——胶州白菜

在这里向大家隆重介绍我们家族的明星——胶州白菜。它原产于山东胶州，俗称“胶白”“胶菜”，具有帮嫩薄、汁乳白、味鲜美、纤维细等特点，已有上千年的种植历史。胶州当地至今流传着童谣“城门高，板桥长，三里河边出菜王。寒霜降，小雪藏，系个红绳上汴梁（北宋都城）”。早在唐宋时期，胶州白菜便已成为皇家贡品，在传入朝鲜、日本以后，又被誉为“唐菜”。

鲁迅先生曾在散文集《朝花夕拾》里，夸我们胶菜受欢迎，“大概是物以希（同‘稀’）为贵罢。北京的白菜运往浙江，便用红头绳系住菜根，倒挂在水果店头，尊为‘胶菜’”。

虽然文中的北京白菜借用了胶菜的盛名，以增身价，但也从侧面反映了老百姓多么喜爱胶州白菜。

萝卜：人人皆爱的“小人参”

植物小档案

姓名：萝卜
学名：*Raphanus sativus*
别名：菜头、白萝卜、莱菔、莱菔子、水萝卜、蓝花子、茹菜
家族：十字花科萝卜属
花期：4—5 月
果期：5—6 月
产地：中国各地普遍栽培
用途：食用、药用

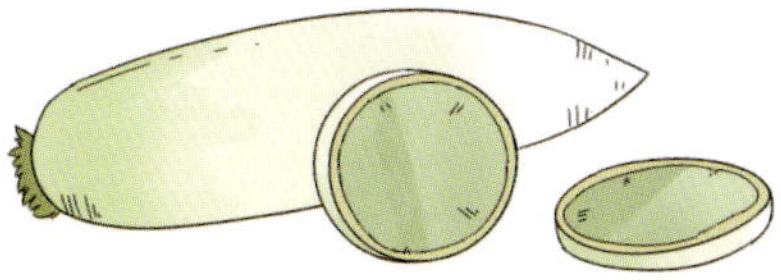

我是一根小小的萝卜，人们常说“萝卜白菜，各有所爱”，别看我挺普通，但在中国人的生活里，尤其是餐桌上，我可是扮演着重要的角色哦!

我最重要的用途就是食用了，可以生吃、熟吃、腌制、酱渍、发酵等，而且荤素皆宜，萝卜馅饺子、萝卜饼、萝卜炖肉、萝卜丸子、萝卜蘸酱、萝卜小咸菜……各种口味大大丰富了人们的味蕾。

人们还称我为“小人参”，因为我也具有很高的药用价值，体内丰富的维生素 C 和锌元素可以帮助人体提高免疫力，还可以清热解毒、止咳化痰、消食开胃。

吃萝卜，就来福

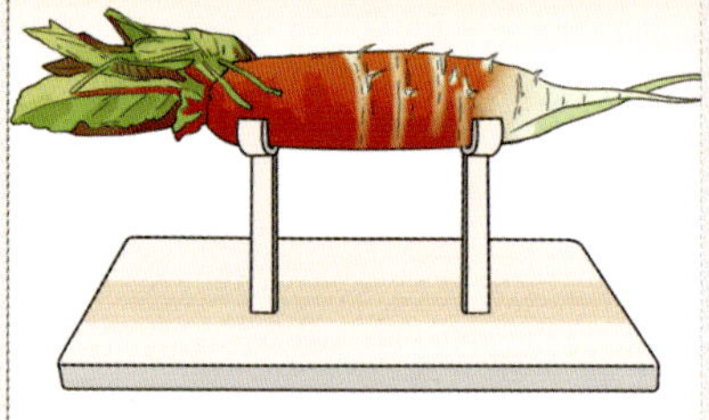

清乾隆 象牙萝卜
（现存于河南博物馆）

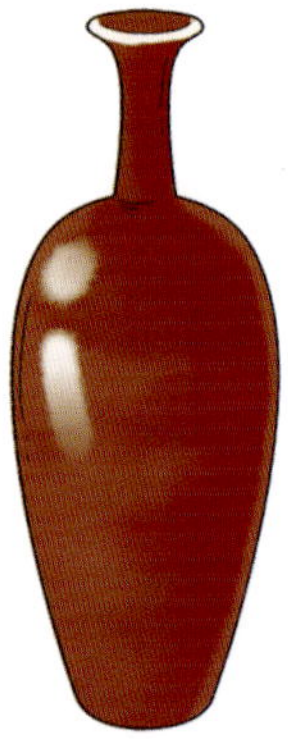

清康熙 豇豆红釉莱菔尊
（现存于故宫博物院）

据《尔雅》记载，我早先被称为“芦葩”，到了汉代，又被叫作“芦菔”，并且“芦菔”作为我的主要名称至少持续到隋代。到了唐代，“芦菔”又演变为“莱菔”，这个名字由民间先流行，然后逐渐成为官方名称。“莱菔”一词具有相当大的影响，至今我的种子在中药学中还被称为“莱菔子”。因为“莱菔”的发音同“来福”，所以我寓意着吉祥幸福。人们不仅会将各种材料雕刻成我的形状，而且连花瓶也会按照我的身形来制作。例如现存于河南博物馆的象牙萝卜，于乾隆年间雕刻，是著名的镇馆之宝之一。另外存于故宫博物院的豇豆红釉莱菔尊，属于康熙年间清宫的御用瓷器，就是参照我的形状做成的。

唐代相当长的一段时间里，“莱菔”都是我的主要官方名称，到宋代，“萝卜”才成了比较普遍的称谓，并沿用至今。

各种各样的萝卜

岳飞抗金的救军粮

我生命力顽强，容易成活，在粮食短缺的年代，我可是重要的救军粮。

据说南宋时期，岳飞率领十万大军北上抗金，途经祁东砖圹（今湖南省衡阳市祁东县砖塘镇）时，正值久旱不雨，土地干裂，民生凋敝，然而，砖圹有一片田里，萝卜却长得十分青翠。岳飞心想，如今民不聊生，难得这块地的萝卜能长得这样好。为了警示士兵，保护百姓的蔬菜，岳飞便在大路口竖起了一块木牌，并写上“蔬菜如宝，将士当心；若有损害，一律严惩”。

然而不久之后，岳飞发现木牌被换，上面写着“砖圹萝卜，吃了饱肚；愿吃就吃，何必拦阻？”原来，百姓为了能让岳家军吃饱肚子而要主动献出萝卜，他们自己却用萝卜叶子熬汤度日。岳飞得知后，深受感动，更加坚定了抗金的决心，并决定与百姓同甘共苦，将百姓们送来的一个巨大的“萝卜王”切成百份，与全军将士和百姓一同分食。

这一幕深深感动了所有人，岳飞与百姓之间深厚的鱼水之情，也成了后世传颂的佳话，而我也很荣幸，不仅成为拯救士兵的救军粮，还是军民相亲相爱的美好见证。

文人雅士的心头之好

历史上有不少文人雅士，也被我的美味折服。北宋大文学家、美食家苏东坡对我情有独钟。他青年时代家境贫寒，为官后忆苦思甜，诉说自己年轻苦读时所吃“三白”，“一撮盐，一碟生萝卜，一碗饭”，并盛赞“日享三白，食之甚美”。他还以碎萝卜加上碎米熬粥，发明了“东坡玉糁羹”，并赞扬“若非天竺酥酡，人间决无此味”。在晚年被贬谪的岁月中，苏东坡还自己种植萝卜。他在《菜羹赋》中提及“水陆之味，贫不能致，煮蔓菁、芦菔、苦荠而食之。其法不用醯（xī）酱，而有自然之味”，这段话描写了他吃萝卜等蔬菜的经历，字词间洋溢着洒脱风趣、穷且益坚、乐天知命的精神。

此外，清代康熙年间的著名政治家和史学家高士奇在《城北集·灯市竹枝词》里写道：“咬春萝卜同梨脆，处处辛盘食韭芽。”他赞扬我和梨子一样甜脆呢！清代著名植物学家吴其濬在《植物名实图考》中描述我的质地和口感是“琼瑶一片，嚼如冷雪，齿鸣未已，众热俱平”，这是对我的最高赞美。

『能驱魔道』的廉洁之礼

由于朴实无华的个性，我也被清廉正直的为官者所喜爱，还被他们当作廉洁的象征。

世人皆知的“扬州八怪”之一的郑板桥，一生为官清正，两袖清风。相传有一年，朝廷派了一个钦差到山东巡查，郑板桥当时在潍县（现山东省潍坊市）任县令，这钦差姓娄，外号“搂两耙子”，贪婪成性。郑板桥决定教训一下他，待他要离开潍县时，给他送了一个大礼盒，钦差一见礼盒就兴高采烈地打开，然而盒子里装的并不是银子，而是十个大小相近、又白又净的大萝卜！里面还放着一张纸，上面有郑板桥亲笔书写的一首诗：“东北人参凤阳梨，难及潍县萝卜皮。今日厚礼送钦差，能驱魔道兼顺气。”这位钦差碰了一鼻子灰却又无可奈何。

作为“能驱魔道”的廉洁之礼，我也是非常自豪呢！

我，有着胖胖体型的萝卜，不仅是中国人生活中不可或缺的佳蔬，还承载着中国悠久的历史和浓浓的文化。小朋友们，你们可要常吃我呀！

韭：久生不败的鲜香之菜

植物小档案

姓名：韭

学名：*Allium tuberosum*

别名：久菜、长生韭、懒人菜、草钟乳、起阳草、丰本

家族：石蒜科葱属

花果期：7—9月

产地：原产于亚洲东南部，在中国广泛栽培

用途：祭祀（古代）、食用、药用

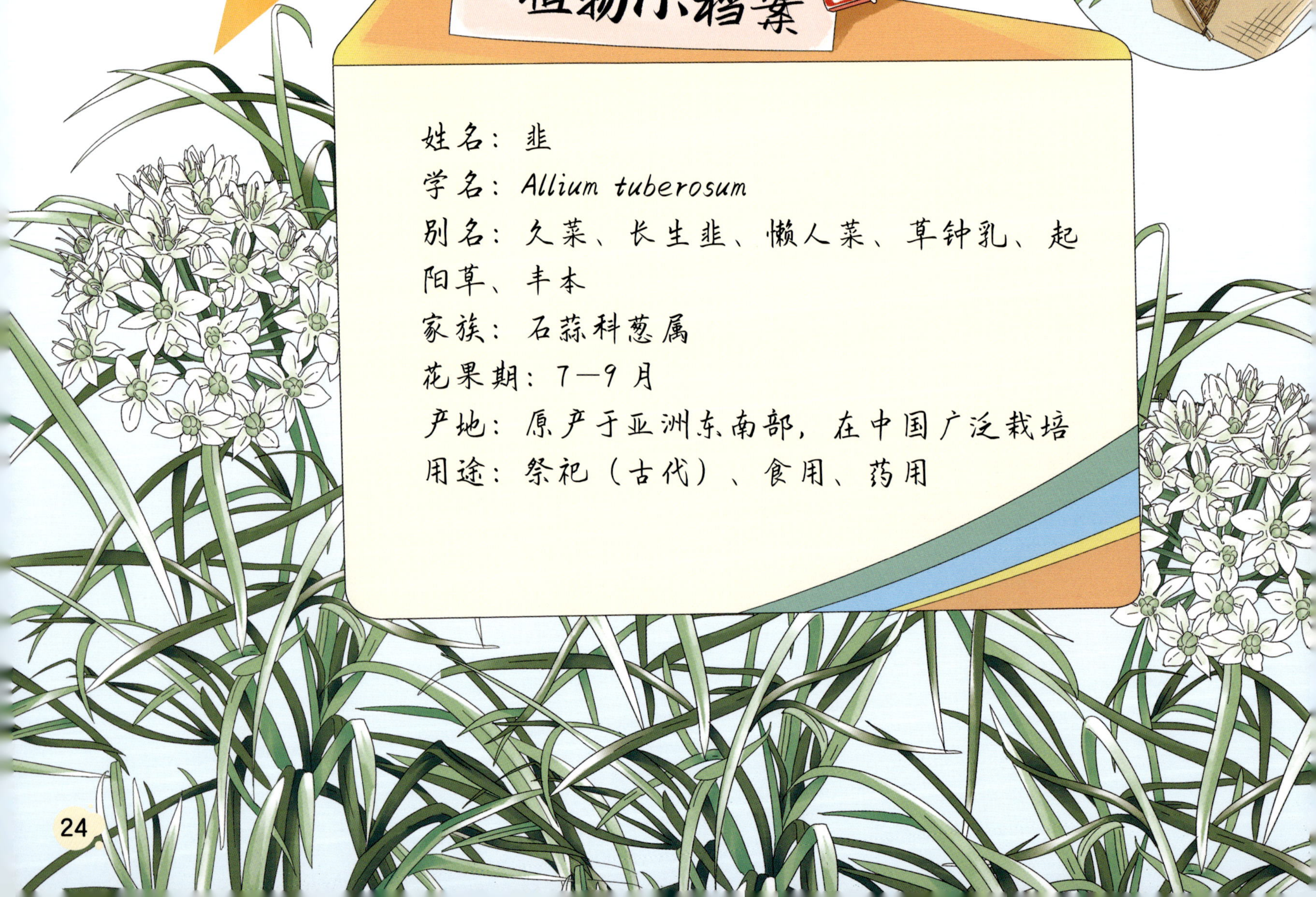

嗨！小朋友们，我是你们餐桌上的常客——韭菜。我是土生土长的中国蔬菜，古人根据我的形状给我取名“韭”。“韭”字属于象形字，下部“一”代表土地，上面的“非”在小篆的书写下非常像丛生而细密的韭菜叶子。不得不说，古人的造字艺术真是充满智慧。

我又名“久菜”。“韭，菜名，一种而久者，故谓之韭”，东汉经学家、文字学家许慎曾在他编著的《说文解字》中这样写道，大意就是我种一次可以长久收获，是久生之菜，所以取“久”字之音。

《汉字宫》文典大字卡

“韭”的字形演变

你问我的起源？那可是个久远的故事。中国现存最早的一部记录农事的历书《夏小正》中就有记载，“（正月）囿有韭”，意思是正月里王室菜园中的韭菜已发芽生叶。历史学家王铎认为，当时囿中的韭菜是由人工种植的。这样看来，我已经有三千多年的栽培历史了，可谓经久不衰，当然这还得感谢大家长长久久的喜爱。

神圣的韭——古代的祭祀蔬菜

别看我现在只是一种寻常的蔬菜，在古代我可不一般。先秦时期，我已经得到人工驯化栽培，不过当时的百姓还难以经常享用到我，因为我主要被当作重要祭品广泛用于祭祀祖先神灵。《诗经·豳（bīn）风·七月》中记载："四之日其蚤，献羔祭韭。"意思是在周代历法的四月，要献上羊羔和韭菜来祭祖。平民受限于经济条件和社会地位，便用韭菜和鸡蛋制成羹或酱祭祀祖先，大概是想让祖先也享受一下我的美味吧！那时，上至王公贵族，下至平民百姓，均以韭祭祀，这种礼俗一直延续至明清时期，《清史稿·礼志》中也有正月用韭菜进行祭祀的记载。

因"剪而复生"的特点，我被赋予了生生不息、繁荣昌盛的象征意义。在祭祀活动中使用我，寄托了古人对家族和子孙后代繁荣昌盛的祈愿。

科普小讲堂

我在古代一直是一个重要的祭品，频繁出现在吉礼、嘉礼中。吉礼和嘉礼是中国古代礼仪制度中的两种重要礼仪。吉礼主要用于祭祀典礼，包括祭天神、地祇、人鬼等；嘉礼则主要用于喜庆、婚冠等场合。

治国的韭——明太祖朱元璋的“四菜一汤”

明太祖朱元璋刚当上皇帝的时候，国家穷得叮当响，老百姓肚子都填不饱，可官员们还天天大鱼大肉，生活十分奢靡。朱元璋想了个办法，在马皇后过生日时请百官来吃饭，结果桌上就摆了四菜一汤，分别是萝卜、韭菜、两份青菜和葱花豆腐汤。萝卜，便宜又滋补；韭菜，生命力旺盛，四季常青，象征国家长治久安；两道青菜，寓意为官清廉，两袖清风；汤是葱花豆腐汤，代表一清二白，清正廉明。在众人的诧异中，朱元璋带头吃完后当众宣布：以后请客，最多只能“四菜一汤”，谁若违反，严惩不贷。从此“四菜一汤”的规矩便从宫内流传到民间，而我也成为朱元璋的“治国菜”，寄托着国家长治久安的美好寓意。

好吃的韭——飞入寻常百姓家

要评选什么蔬菜最好吃，我在古代可一度是这个榜单的顶流。秦汉以来我被广泛栽培推广，开始成为百姓饮食的一部分，与葵、薤、葱、藿成为当时最常见的五种蔬菜。我还属于“五荤”之一，这个“荤”可不是指现代的荤菜，李时珍在《本草纲目》中指出“五荤”也就是“五辛”，是五种带有辛辣等特殊气味的蔬菜。

古人形容菜之美者，称“春初早韭，秋末晚菘”，认为我和菘（白菜）是鲜美时令风物的杰出代表。“三月三韭菜鲜”，每到春日，绿莹莹的韭菜就带着饱满而浓烈的情意，化作一道道令人垂涎欲滴的美食，进入人们的视野与餐食中。韭菜炒鸡蛋，金黄与翠绿交织，色泽诱人，口感鲜美；韭菜合子，外皮酥脆，内馅饱满，每一口都是满满的幸福感；韭菜饺子，我与面粉的完美搭配，热气腾腾中透露出家的温馨与幸福。能让餐桌丰盈，让人们幸福，我也倍感荣耀。

科普小讲堂

韭菜为什么越割越多？

韭菜，被誉为“最坚强的蔬菜”，屡遭割刈仍生生不息，奥秘就藏于其特殊的生长机制与营养储存方式中。

作为多年生草本植物，韭菜有发达的根系，还有藏在土里的“营养库”——鳞茎。这个鳞茎就像韭菜的“能量包”，负责储存营养，埋在土里，不会被割掉。平时被割的只是上面的叶子，只要不损伤到鳞茎部分，鳞茎就能一直提供韭菜生长所需的营养，支持韭菜再次生长，形成“一茬接一茬”的生长模式。

桃：

“桃”人喜欢的福寿之果

植物小档案

姓名：桃

学名：*Prunus persic*

别名：仙桃、寿果、毛桃、蜜桃

家族：蔷薇科李属

花期：3—4月

果期：7—10月

产地：中国河北、山东、江苏、浙江、安徽、新疆等地

用途：食用、观赏

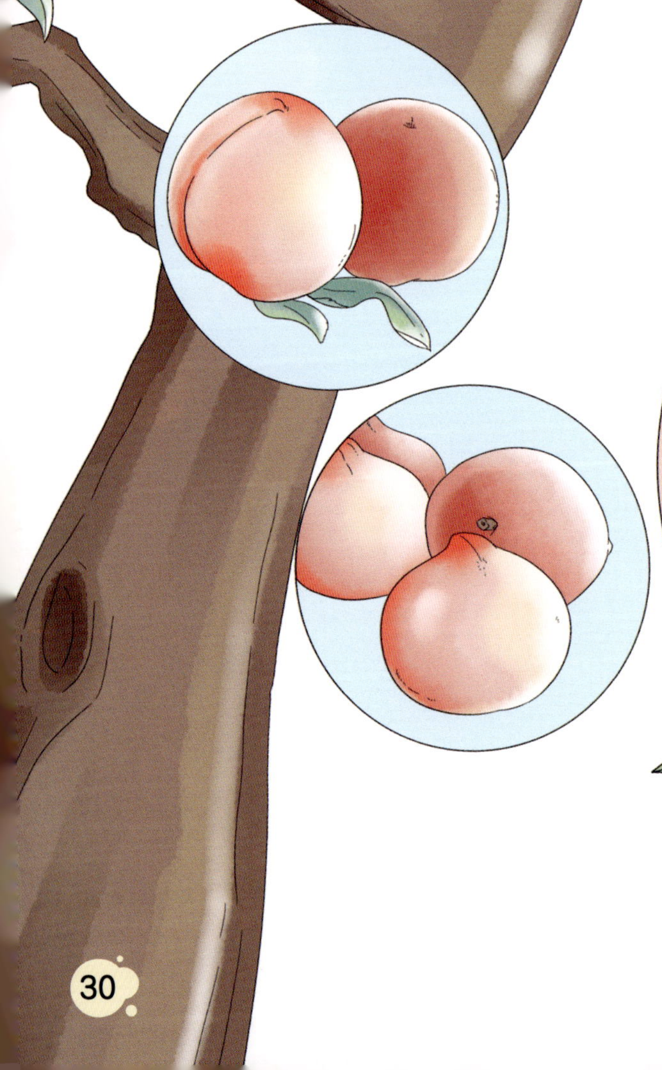

我是桃，中国现存最古老的水果之一，与枣、李、杏、栗并称古代“五果”，并位居“五果”之首。我肉质饱满、鲜美多汁、香甜可口，简直是为人类味蕾完美定制的。

自四千多年前被驯化于这片土地，我便与人类的命运紧密相连。你很难用一两种标签来定义我，在千百年的对话中，我悄然融入华夏文明的血脉，创造了缤纷多彩的世界。有人为我香甜丰腴的果实欲罢不能，有人在我灼灼的花朵里写满了爱情的憧憬，有人借我的盛放吟唱春天最饱满的情谊，有人将我的树枝当作驱邪避害的神器，有人认为我是长寿和吉祥的使者，有人在我的桃花源中构建了理想生活的蓝图。

孙悟空有七十二变，桃桃我也有百般神通，才这么“桃”人喜欢。

仙寿之桃，福泽绵长

我是一颗长寿桃，自古以来便是福寿吉祥的象征。人们相信，吃下我可以延年益寿，因此我又有“仙桃”“寿果”的美称。

汉武帝时期，东方朔偷桃的传说在民间广为流传。相传，王母娘娘在给汉武帝祝寿时，指着汉武帝的大臣东方朔说：“这个人曾经偷食三回我的仙桃。”汉武帝很惊讶，才知道东方朔不是一般世间之人。从此世人都说东方朔是长生的神仙，后世为帝王贺寿，常用东方朔偷桃图作为庆寿的素材，并将东方朔画为盗桃仙人。仙桃也成为传说中寿星的标志性形象之一。

因为这些传说故事，我也成了寿宴上不可或缺的佳品。在我未成熟的季节，人们还会将面粉、米粉精心制作成寿桃的形状，以表对长辈健康长寿的美好祝愿。

辟邪桃木，护佑安宁

在古人心中，我还是一颗辟邪桃，拥有驱邪避灾的神奇力量。

传说夸父追日饥渴而死，临死前将手中的桃木杖一抛，化为一片桃林。夸父是太阳的象征，所以鬼会害怕桃木。相传射日的后羿被桃木棒杀死，死后被封为宗布神，统领万鬼，其经常手牵猛虎，在桃树下检查万鬼，这让桃木辟邪的说法更加深入人心。

《山海经》中记载，有一个鬼蜮的世界中有座桃都山，山上的大桃树能延绵三千里，通往鬼蜮的大门就坐落在大桃树的东北面。门神神荼（shēn shū）和郁垒（yù lǜ）守护着这里，他们手拿桃枝捉拿恶鬼，保护人间安宁，而桃枝因沾染了仙气，从此具备了辟邪荡秽的力量。

后来，民间在桃木上刻上神荼、郁垒的模样，称为“桃符”，挂在自家门口以驱魔辟邪。这一习俗逐渐演变为贴春联和门神的传统，延续至今。

桃符

桃木剑

桃花灼灼，爱之所向

“桃之夭夭，灼灼其华。之子于归，宜其室家。”这是《诗经》中对桃花与爱情的描绘。我的花朵，以娇艳的姿态，成为爱情与美好的代名词。

唐代诗人崔护的著名诗作《题都城南庄》便讲述了一段因桃花而结缘的爱情故事。崔护某年春天出游，在都城南庄偶遇桃花树下的美丽少女，两人一见倾心，情愫暗生。次年重游，桃花依旧，但是少女却不知去向，物是人非。崔护感慨万分，提笔写下了：“去年今日此门中，人面桃花相映红。人面不知何处去，桃花依旧笑春风。”这首诗中的桃花便是诗人心中美好爱情的代表。

桃源梦境，诗词明星

在晋代诗人陶渊明的笔下，桃花源是一个与世隔绝、和平宁静的理想世界。在那里，人们过着自给自足、无忧无虑的生活。桃花源，成为人们对理想生活无尽向往的代名词。南朝宋刘义庆的《幽明录》记载的刘阮天台桃源遇仙传说，也巩固了桃花源的这一形象。汉代青年刘晨、阮肇入天台山采药迷路，在桃林遇见仙女并与之结为秦晋之好，这一传说让桃花源成为人们心中向往的仙境。

在文学的殿堂里，我同样是熠熠生辉的明星。李白的“桃花流水窅（yǎo）然去”，苏轼的“竹外桃花三两枝”，白居易的“山寺桃花始盛开”，杜甫的“桃花一簇开无主”等无数经典诗句都以桃为题材，抒发了诗人们对美好生活的向往与追求。当我盛开于枝头时，便是诗人笔下最美的风景；当我落入诗行时，便成了最动人的情感。我在他们的诗词中重生，在他们的情感中永恒。

小小一颗桃，甜在嘴里，美在心头。桃桃我的故事未完待续，愿你在品尝我的同时，也能感受到那份跨越千年的诗意与美好。

枣：餐桌上的甜蜜养生果

植物小档案

姓名：枣

学名：*Ziziphus jujuba*

别名：大枣、枣子、红枣树、贯枣

家族：鼠李科枣属

花期：5—7 月

果期：8—10 月

产地：原产于中国，现在亚洲、欧洲和美洲均有栽培

用途：食用、药用、蜜源

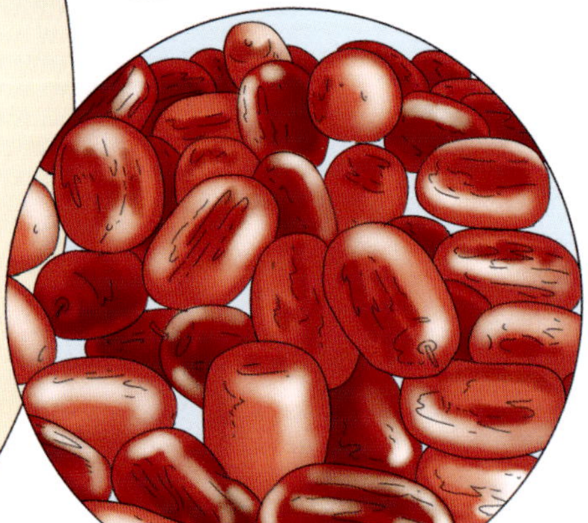

我是枣，小名红枣，来自中国。约八千年前，人们就拿我来果腹充饥，我与勤劳智慧的先民们相识相伴，一路走到现在。先秦时期，人们开始栽种枣树，《诗经》中有“八月剥枣，十月获稻”的记载，那时我就跟稻一样成为重要的作物之一。《黄帝内经》将我与桃、李、梅、杏一起誉为“五果”。

在民间，我还被视为“铁杆庄稼”。据《战国策》记载，当时燕国（今河北一带）地区已经将我视作重要的粮食作物，在其他粮食歉收的年份，可以用我来维持生活。《韩非子》中提到秦国饥荒时用枣、栗来救民。《三国志》中也有曹操征集不到米麦，让百姓以干枣充之的记载。

我不仅好吃，还有健脾益胃、镇静安神、益气养血等功效。“医圣”张仲景在《伤寒论》中列出的113个药方中有65个用我作药引。“药王”孙思邈常年食枣，延年益寿，“久服轻身，常年不饥，似神仙”。

现在人们的日常生活中依然能处处看到我的身影，他们用我泡茶、煲粥或汤，把我做成馅儿包在点心、粽子、年糕等各种食物中，那些爱健康、重养生的人没有不喜欢我的。

吃货南越武帝，为何偏爱枣？

在喜欢我的众人之中，有一位超级粉丝——南越武帝赵佗。相传，他是中国历史上最长寿的皇帝，活了 103 年。秦代时，赵佗被秦始皇派往岭南，驻守边疆。秦之后，赵佗自封为王（后接受汉朝册封，晚年称帝），并以广州番禺为都城，创立了“东西万余里”的南越国。赵佗将中原先进的农耕文化、华夏文化带到了岭南地区，让当地老百姓的生活水平得到了极大的提高。

南越武帝　赵佗

赵佗非常爱枣，为了能够吃到鲜枣，竟然命人将北方的枣树移植到了广州。2004 年，在南越国宫署遗址中出土了百余枚木简，其中有三枚不仅记录了枣树的品种，还将每棵枣树进行了编号管理，记录了枣树果实的数量，甚至表明枣树上的枣子都要数好，不能丢了，否则看管的人就要承担责任，足见当时对枣树种植非常重视。专家推测，南越国并不产枣树，木简中的枣树极有可能是从北方移植过来的，恰好赵佗的老家在恒山郡真定县（今河北省石家庄市正定县），那里是全国有名的红枣产区。赵佗千里移植枣树，精心管理，这不就是妥妥的真爱吗？

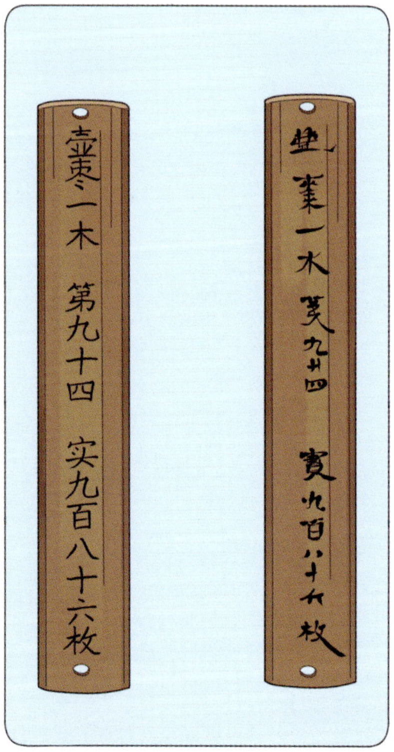

木简

"诗仙"心中向往的"仙"果

说到仙果，就不得不说说“枣大如瓜”的故事。《史记 · 封禅书》中记载，李少君向皇帝描述了他在海上曾遇到安期生的经历，“安期生食巨枣，大如瓜”。据说，安期生本是琅琊郡的一位隐士，常年生活在东海边，非常长寿，后来得道成仙后，还被称为“千岁仙翁”。

“诗仙”李白，也对这“大如瓜”的枣极感兴趣。

在唐代天宝年间，李白被“赐金放还”。失落之时，他与吴筠相约崂山，路上碰到了一个叫盂大融的人，因志趣相投，挥笔写下《寄王屋山人盂大融》这首诗。李白在诗中说他亲眼见到了仙人安期公，他吃的枣比瓜还大。他想象自己，乘着云车，登上天坛，和天上的仙人一起悠闲地扫着落花。慢慢地我成了仙人的标配，这首“仙气飘飘”的诗后来也成了崂山的代言诗。

我昔东海上，劳山餐紫霞。
亲见安期公，食枣大如瓜。
……
所期就金液，飞步登云车。
愿随夫子天坛上，闲与仙人扫落花。

寄托“诗圣”忧国忧民情怀的善良枣

不同于“诗仙”，“诗圣”杜甫对枣有着别样的情感。“庭前八月梨枣熟，一日上树能千回”（《百忧集行》），一位贪吃大枣的顽皮少年跃然纸上，这是50岁的杜甫在回忆自己年轻时朝气蓬勃的样子。可是你知道吗？杜甫还写过一首跟我有关的诗《又呈吴郎》。

堂前扑枣任西邻，无食无儿一妇人。
不为困穷宁有此？只缘恐惧转须亲。
即防远客虽多事，便插疏篱却甚真。
已诉征求贫到骨，正思戎马泪盈巾。

这首诗创作于杜甫漂泊到四川夔（kuí）州（古代巴蜀地区的一个地名）的第二年。他住在瀼西（今重庆市奉节县瀼水西岸）的一所草堂里，草堂前有几棵枣树，西邻住着位无食无儿的寡妇，常来打枣，杜甫从不干涉。后来，杜甫把草堂让给一位姓吴的亲戚（即诗中吴郎），自己则搬到离草堂十几里路的东屯。不料吴郎一来就在草堂插上篱笆加以防范，杜甫得知后便写此诗委婉地劝告吴郎：不应该插个篱笆将无依无靠的穷苦妇人挡住。杜甫由这件小事，还联想到贫苦的百姓，以至于流泪。这首诗让我们看到了一个拥有悲悯善良之心且“能知百姓苦中苦”的杜甫。

蕴含美好寓意的吉祥枣

在广大人民心中，善良的我还象征着幸福、美满和吉祥。在各种喜庆场合中，都少不了我的身影。婚嫁仪式中，婚床上的枣和花生，寄托着家庭和美、早（枣）生贵子的美好愿望。在除夕之夜，我也是必不可少的守岁贡品，寓意“春来早”。广东一些地区饮茶时在茶盏中放入五颗红枣，寓意“五子登科，早日高升”。中原一些地区有着在腊八节“喂枣树”的习俗，寓意祭祖敬神，来年丰收。北方人爱吃面食，各种面食中也少不了我的身影。其中“枣山”是人们过年时常做的一种面食，必须用红枣作配料，点缀其上，层层叠叠，还要饰以面花，红白相间，特别漂亮，寓意来年步步高升，早些（谐音为枣山）发财。

枣山

寓意“早生贵子”

婚床上的枣

我，一颗小小的枣子，平时为果，病时为药，荒年为粮，还是幸福吉祥的代表。当你看到我、吃到我时，记得要给我点个大大的赞哦！

橘：屈原最爱的“君子之树”

植物小档案

姓名：柑橘

学名：*Citrus reticulata*

别名：番橘、橘仔、橘子、立花橘

家族：芸香科柑橘属

花期：4—5 月

果期：10—12 月

产地：世界各地广泛栽培，中国是重要的原产地之一，广西、湖南、四川、江西、广东、湖北等是主产区

用途：食用、药用、观赏

我的故事始于屈原，在他眼中，我是一棵“后皇嘉树”，这不仅是对我外貌的赞美，更是他心中对自己的写照。屈原认为，我是“绿叶素荣”的，清新雅致而不妖冶艳丽；我是“纷缊宜脩（xiū）”的，气韵芬芳，仪度潇洒；我“苏世独立，横而不流”，独立清醒，不随波逐流；我“淑离不淫，梗其有理”，正直刚强又通情达理。这些品质让我成为君子之树，象征着高尚的品格和坚定的信仰。

我不仅是“嘉树”，更是楚国的“社树”，是楚人崇拜的神木。在楚国，我被视为封疆之木，象征着国家的疆界和领土的神圣不可侵犯。作为社树，我代表着社稷，是国家和人民的守护者。楚人相信，我的根深深扎在这片土地上，守护着他们的家园和信仰。我的枝叶繁茂，象征着楚国的繁荣与昌盛；我的果实丰硕，代表着丰收与富足。我不仅是一棵树，更是楚国文化和精神的象征。

南橘北枳——一场跨越淮河的变身

我的家乡在南方，那里阳光明媚，温暖湿润，正是我最喜欢的环境。你知道吗？我对温度可是非常敏感的，只有在12.5~37℃才能茁壮成长。古人早就发现了这一点，《周礼·考工记》中记载“橘逾淮而北为枳”，将我移植到淮河以北，就会变成枳。枳是我的远亲，虽然长得像我，但果实酸苦，带涩味，远不如我酸甜可口。

说到这里，不得不提一个关于我的故事。春秋时期，齐国大夫晏婴第一次来到楚国，楚王听说他善于言辞，就想当众刁难他。在宴会上，楚王故意让官吏押着一个犯人走过，说这是个齐国人，犯了盗窃罪。楚王问晏婴：“你们齐国人生来就喜欢偷盗吗？”晏婴从容地回答：“橘生淮南则为橘，生于淮北则为枳。这是因为淮南、淮北的水土不同。齐国人淳朴善良，不会偷盗，到楚国就犯了罪，难道是楚地让人变坏了吗？”楚王被怼得哑口无言，只好作罢。这个故事让“南橘北枳”成了家喻户晓的典故，还延伸出了“淮橘为枳”“逾淮之橘”“橘生淮南”等成语，比喻同一物种因生存环境条件不同而发生变异。

那么，我移植到淮河之北真的会变成枳吗？其实这是古人的误解，枳与橘是关系比较近的亲戚，而且枳比较耐寒，农民常用它作砧木来嫁接橘树，这样橘就会长得更健壮。所以并不是果木本身发生变化，而是把嫁接后的橘引种到淮北，因气候寒冷，作为接穗的橘被冻死了，下面作砧木的枳比较耐寒得以存活，因此被误认为橘化为枳。

科普小讲堂

什么是嫁接？

嫁接是一种重要的植物繁殖方法，将接穗与砧木紧密结合，可以促进两者的生长，形成一个新的、具有优良性状或适应特定环境的植物个体。嫁接成功的关键在于将接穗和砧木的形成层紧密地结合在一起，以确保两者能够共同生长，最终形成一个健康的植株。

接穗——橘

接穗是指在植物嫁接操作中，用来嫁接到砧木上的芽、枝等组织。在果树或经济作物的嫁接中，接穗通常来源于经过精心培育的优良品种。

砧木——枳

砧木是指嫁接繁殖时承受接穗的植株。砧木可以是整株果树，也可以是树体的根段或枝段，其作用是固定、支撑接穗，与接穗结合后形成新的植株，并生长结果。

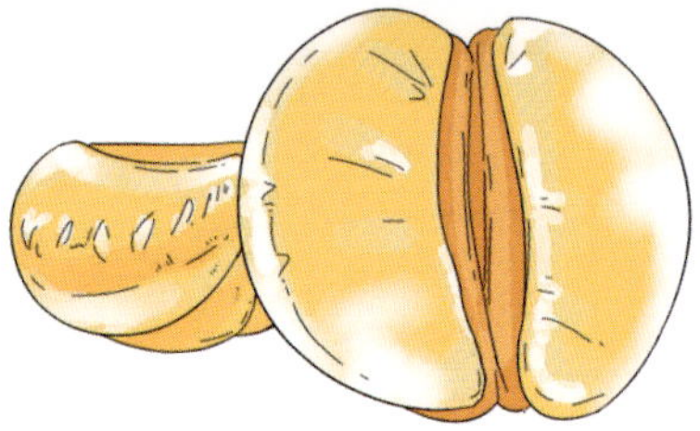

傻傻分不清楚——"橘""桔""橙""柑"

提到我的家族，人们常常会感到困惑，不知道该叫“橘子”还是“桔子”。其实，“橘”是我的正式名字，而“桔”是我的别名。学者们研究发现，“橘”和“桔”的混用大约起源于明末清初，也有人认为这是民间的习俗。

还有人可能会问，我与橙有什么关系呢？这要从我们家族的五位元老说起，它们是香橼、柚子、宽皮橘（橘子）、小花橙和金橘。橙子是家族的第一代孩子，父母是橘子和柚子。所以橙子结合了二位的特征，既有如柚子般难剥开的“外套”，又有如橘子般娇小的个头。橙子家族也经历了从酸橙到甜橙的过程，其中大家最熟悉的要数大名鼎鼎的脐橙了。

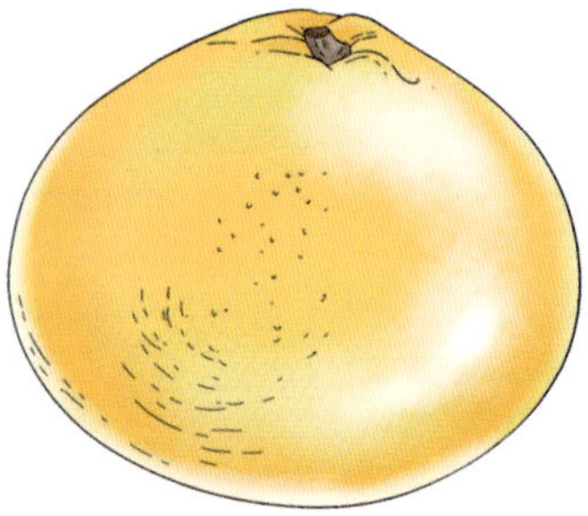

橘

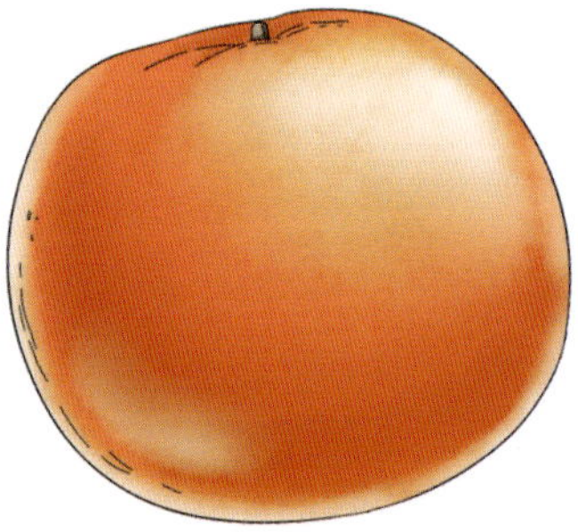

桔

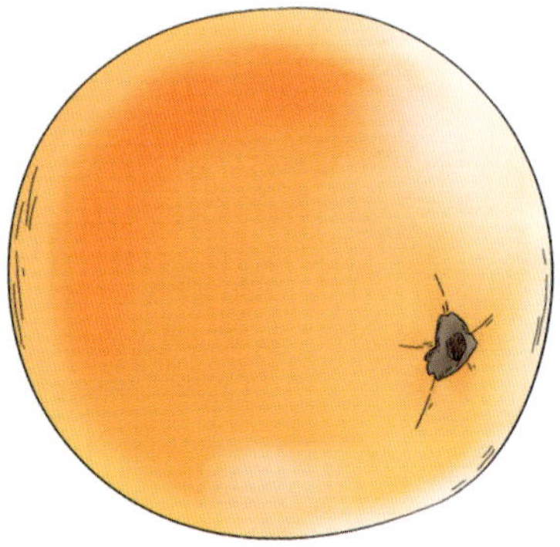

橙

柑

我的家族中有一位成员叫柑，柑与橘又有什么关系呢？一般来说，橘的果比较小，扁圆，红色或黄色，皮薄而光滑易剥，味微甘酸；而柑兼顾橘与橙的性状，果比橘大，正圆，黄赤色，皮紧纹细不易剥，多汁甘香。这是外表的不同，本质上橘属于原生果种，而柑基本是混杂橘，一般是橘子与橙子的后代，也有柚子的基因。虽然我们有区别，但在日常语言中常常混用，比如广柑也叫广橘，蜜橘也叫蜜柑。

柑和橘常统称为“柑橘”。“柑橘类”代表着我们这个大家族的所有成员，包括橘子、柑、柚、橙、金橘、柠檬等，柑橘家族给人类的味蕾带来了前所未有的享受。

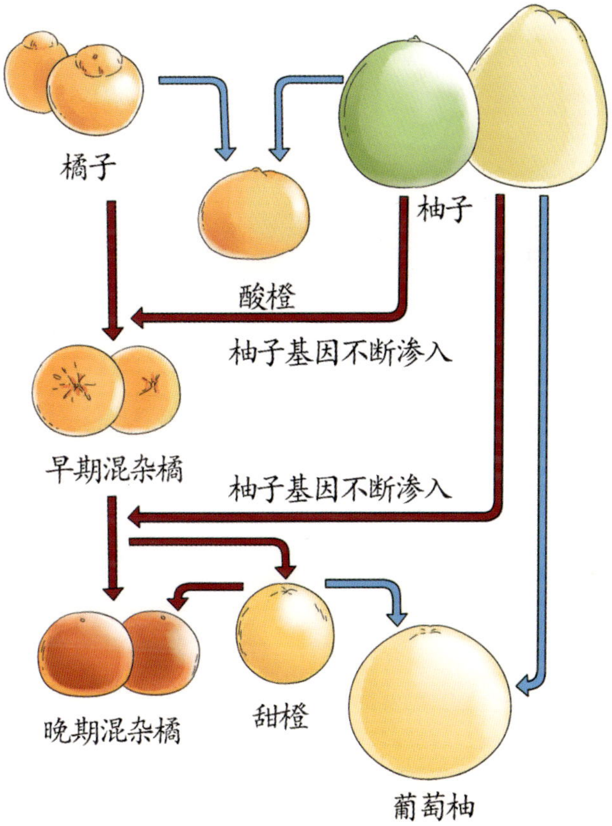

我，挂满枝头的橘子，每一个都承载着自然的馈赠，仿佛一抹阳光，给寂寥的秋冬带来无尽的温暖。我也是正直、坚强的代表，激励着人们追求美好、坚守信念。每当你品尝到我的甜美时，请一定要将我的故事流传下去。

葡萄：酿酒的天然佳选

植物小档案

姓名：葡萄

学名：*Vitis vinifera*

别名：蒲陶、草龙珠、赐紫樱桃、菩提子、山葫芦

家族：葡萄科葡萄属

花期：4—5月

果期：8—9月

产地：中国各地均有栽培，原产于亚洲西部

用途：食用、药用、观赏

我是挂在藤上的葡萄，是夏末最令人们津津乐道的水果。无论是鲜食入口，还是晒成葡萄干，抑或是酿成琼浆玉液，我都能在中国漫长的历史中占据一席之地。我的身影早早就出现在《诗经》里，“六月食郁及薁”，这里的“薁”指蘡薁（yīng yù），意思是野生葡萄。

我几乎就是为酿酒而生的，用葡萄酿制葡萄酒的历史几乎与栽培葡萄的历史一样悠久。我的果皮中含有丰富的酿酒酵母，再加上果肉中富含葡萄糖、果糖和蔗糖，人们只需将我捣碎、榨汁，然后把汁水用橡木桶收集起来发酵，便可制成爽口的葡萄酒了。

我的家族成员分布在世界各地，包括欧亚种、东亚种与美洲种三大种群，人们日常熟知并食用、栽培的葡萄，大都是源自欧亚西部的欧亚种。相比野生葡萄，欧亚种葡萄更为饱满，是优质葡萄酒和鲜食葡萄的主要原料来源。

今天就先来听听欧亚种葡萄的传奇之旅吧！

丝绸路上的奇珍

考古学家推测欧亚种葡萄传入中国的时间至少是战国时期，因为当时欧亚种葡萄已经在新疆种植，只是还未盛行起来，直到丝绸之路的出现。

公元前 138 年，汉武帝派张骞出使西域，路途本就遥远，他还被匈奴俘获，11 年后才找到时机逃出来。途中来到了大宛（yuān）国，看到了当地人对葡萄酒的热爱，“他们囤积葡萄佳酿如山，能存放数十年不坏”。

几经波折，张骞终于回来了，他让汉武帝看到了希望，也为后来的使臣出使西域奠定了基础。渐渐地，我和胡桃、西瓜等跟随汉使们开拓出的享誉世界的“丝绸之路”来到了长安。那时我还被当作异域奇珍，汉武帝曾痴迷于我，将我种植在皇家园囿。来到中原后我被称作“蒲陶”，后来又改名为“蒲桃”，直到近代才被人们叫作“葡萄”。我的出现，不仅给人们带来了酸甜浓郁的美味鲜果，还带来了让人回味无穷的葡萄酒。

葡萄盛行，曹丕是“推广大使”

如果说汉武帝时期，我属于帝王独享，那么魏晋时期，我则开始走入贵族之家，种植规模也变得相当可观，这离不开魏文帝曹丕的大力推崇。曹丕非常喜欢我，孙权曾送给曹丕一批贡品，包括稀罕的龙眼和荔枝，但曹丕却认为这些水果都不如我。他甚至在《与吴监书》中写道：“中国珍果甚多，且复为说蒲萄。……（葡萄）味长汁多，除烦解渴。又酿以为酒，甘于曲糵，善醉而易醒。”曹丕对我的喜爱可见一斑。

正因为有曹丕这位“推广大使”，我才能在洛阳的贵族圈快速流行起来，种植规模也不断扩大。在魏晋南北朝时期的贵族宴饮中，常常能见到葡萄酒的身影。

葡萄美酒夜光杯

唐代以前，人们虽然用葡萄酿酒，但还没酿出特别美味的葡萄酒。等到唐太宗灭了西域小国高昌，获得了马乳葡萄和葡萄的酿酒方法后，才开始有了真正让人盛赞的葡萄酒。唐太宗自己就是一位葡萄酒重度爱好者，不仅在皇宫御苑里大规模种植葡萄，还亲自参与葡萄酒的酿制。渐渐地，民间葡萄酒酿造和饮用葡萄酒也变得十分普遍。当然，嗜酒的人中自然少不了唐代的那些大文豪们，在他们创作的众多诗篇中都有我的身影，最著名的是王翰的《凉州词》。

葡萄美酒夜光杯，欲饮琵琶马上催。
醉卧沙场君莫笑，古来征战几人回？

香醇的葡萄酒，精美的酒杯，迷人的月色，无畏的勇士……琵琶声声作响，一下胜过一下，越来越急促，勇士们在激越的琵琶声的催促下开怀畅饮。这是一首脍炙人口的边塞诗，展示了出征前盛大华贵的酒筵以及战士们痛快豪饮的场面，也道出了葡萄酒的甘醇。

葡萄藤下的七夕情缘

我虽以葡萄酒闻名于世，但你知道吗，我还有一个用处。相传，每年农历的七月七日，人们在我的藤蔓枝叶下会听到仙乐奏鸣，织女和牛郎在深情地交谈，我也因此与七夕结下了不解之缘。牛郎织女与葡萄的联系源于一个民间传说，即牛郎做了一个梦，梦到沿着葡萄架可以爬到天上见织女。或许在古人的眼中，我那圆润饱满、晶莹剔透的果实象征着爱情的甜蜜与美好，而我的藤蔓缠绕、生生不息，又寓意着情感的缠绵与长久。七夕时节，正是我枝繁叶茂、硕果累累的时期，此时的我，长成了一生中最美的模样。

后来，人们看到我丰硕的果实，就会想到人丁兴旺、多子多福、一本万利、丰收富足的美好愿望。丝织品上、铜镜上、瓷器上、壁画上……到处都是我的身影，我传递着无限的美好和祝福，成为人们生活中的重要元素！

作为一颗葡萄，我和用我酿造的美酒不仅穿越了时光，创造了历史，还传播了文化，给人们带来美好的生活享受，你喜欢我吗？

猕猴桃：从中国山野走出的“奇异果”

植物小档案

姓名：中华猕猴桃

学名：*Actinidia chinensis*

别名：猕猴桃、苌楚、藤梨、羊桃、宜昌醋栗、奇异果、麻藤果、毛梨子、毛木果

家族：猕猴桃科猕猴桃属

花期：4—5月

果期：9—11月

产地：中国秦岭以南及横断山脉以东的区域

用途：食用、观赏、药用

雌花

雄花

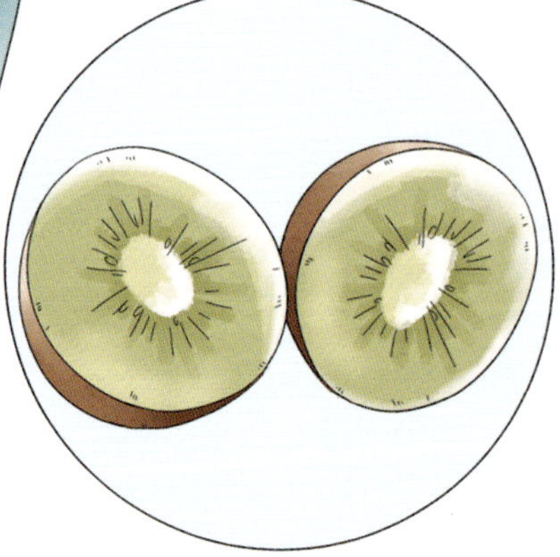

果实

我是猕猴桃，来自美丽的中国，两千多年前，我的名字叫作“苌楚（cháng chǔ）”。因为我枝繁叶茂，果实累累，枝蔓随风飘摇，婀娜美丽，古人把我编进朗朗上口的诗中，“隰（xí）有苌楚，猗傩（ē nuó）其枝”，在先秦的桧地（今河南省新密市一带）广为流传，翻开《诗经 · 桧风 · 隰有苌楚》，你就能看到这首诗呢!

所谓“人不可貌相”，植物也一样。别看我的果皮毛茸茸的，里面的果肉富含维生素、矿物质和膳食纤维等营养成分，特别是维生素 C 的含量在水果中名列前茅。

唐代以后，我的药用和营养价值逐渐被人们发掘并重视，我开始出现在各种本草书籍中，有了诸如“藤梨”“木子”“猕猴梨”“猕猴桃”等名字。我很喜欢“猕猴桃”这个名字，明代医学家李时珍在《本草纲目》里这样介绍，“其形如梨，其色如桃，而猕猴喜食，故有诸名”。民间还有一种说法，由于我的果皮外面覆有一层褐色茸毛，活像一只憨态可掬的小猕猴，所以有了这个名字。不管怎样，这都是个可爱的名字。

公元 764 年秋天，我见到了边塞诗人岑参，他是我很喜欢的一位诗人，以善作雄奇瑰丽、慷慨豪迈的边塞诗而闻名。那时我住在陕西省太白山脚下的一户农家里，老乡在水井旁给我搭了个支架，时任工部虞部郎中（相当于现在的林业部官员）的岑参前来考察，刚走进院子，就注意到了我——因为我的藤蔓把支架编织成了绿意盎然的屏风。

中庭井阑上 一架猕猴桃

热情淳朴的农家邀请岑参一同用餐，席间弥漫着清新恬静的田园气息，身旁的百岁老人精神矍铄，子孙绕膝，一派和乐融融的景象深深触动了戍边多年的岑参，他特地写了一首诗将这段美好经历记录下来。

漂洋过海的“奇异果”

我在大山之中悠闲自在，足足待了千年之久。1900 年，一场邂逅打破了我平静的生活。来自英国的“植物猎人”威尔逊在湖北宜昌发现了我，觉得我非常好吃，还将种子带到了英国。4 年后，新西兰女教师伊莎贝尔来到中国，探望其在宜昌苏格兰教会担任教师的妹妹时顺便带了一把猕猴桃的种子回到新西兰。

伊莎贝尔将种子交给当地一家农场主种植，1910 年，我在新西兰的果园里结果了。这是我第一次在故乡以外的地方开花结果。还记得威尔逊带回英国的种子吗，由于培育出来的全是雄株，所以无法正常结果，相比之下，伊莎贝尔太幸运了，带回去的种子繁育出来的雌雄株都有，而且新西兰属于温带海洋性气候，冬暖夏凉的环境很适合我生长，经过园艺育种家不断地改良和驯化，我有了个头大、味道好、耐储藏的优良品种，很快被广泛种植。他们还给我起了一个好听的名字——“Kiwi fruit”，也就是奇异果。“Kiwi”是新西兰的国鸟“奇异鸟”，滚圆的身体长满了蓬松褐色的绒毛，跟我的外形还真挺像的。从此，名声大噪的我从新西兰出口，远销世界各地，成为风靡世界的美味水果。

猕猴桃的“奇妙家族”

当中国的园艺学家知道，我虽然来自中国，但中国人却需要花昂贵的价格才能买到我时，他们很不服气，决定自己培育猕猴桃新品种。20 世纪 70 年代末，我又开启了新的旅程，兴奋地期待着在家乡“建功立业”，服务家乡人民。园艺学家们首先要做的就是寻找并收集我的家族成员，他们翻山越岭、风餐露宿，出没于人迹罕至的大山，最终找到了我的 60 多位兄弟姐妹，我们欢聚一堂，高兴至极。

话说，我们虽然都是一个大家族，但区别还是很大的，从外观到味道都截然不同，有的果皮覆毛，有的光滑无毛，果肉颜色有绿、黄、橙、粉、紫，绚丽如彩虹，味道更是涵盖了酸、甜、苦、辣、麻，简直是多重味觉体验。我给大家介绍几位我的“花样”家族成员吧!

大籽猕猴桃，号称“麻辣猕猴桃”，果皮光滑无毛，未成熟时果肉为淡绿色，成熟时变为鲜亮的橙黄色，内瓤如番茄，吃上一口，味道苦涩辛辣。虽然不适合直接食用，但是籽大，出油率高，在工业和药用领域大有可为。

软枣猕猴桃——可连皮食用的猕猴桃，颠覆了人们对猕猴桃的固有印象，果皮居然没有毛，还很光滑，形如青枣，吃起来酸甜多汁。

毛花猕猴桃，又叫“毛冬瓜”，长着一身白色茸毛，像个小冬瓜，果实维生素 C 含量高，果皮易剥，花朵颜值还高，一般猕猴桃开白色或黄色花，毛花猕猴桃可是开红色花呢!

家族的兄弟姐妹太多了，这里就不一一列举了。园艺学家在收集资源的同时还开展了育种工作，经过四十多年的不懈努力，好吃又好看的中国猕猴桃品种先后问世，不仅走入了千家万户，还走出了国门。现在市面上常见的红心猕猴桃和黄肉猕猴桃中大部分是由中国自主选育的品种。中国目前还实现了猕猴桃的商业化栽培，无论产量还是种植面积均居世界首位。

红心的‘东红’品种

黄肉的‘金桃’品种

我，小小的猕猴桃，虽说国外的那场旅行让我从野果进入水果的队伍，但我无时无刻不挂念着家乡人民，期待为祖国做出贡献。未来，我和我的大家族，将会带来更多奇妙的美味故事。

柿子：“柿柿如意”的吉祥果

植物小档案

姓名：柿

学名：*Diospyros kaki*

别名：米果、猴果、金果、猴枣、大盖柿

家族：柿科柿属

花期：5—6 月

果期：9—10 月

产地：原产于中国长江流域，现在各地多有栽培，同时朝鲜、日本、法国、俄罗斯、美国等国均有栽培

用途：食用、观赏、药用、材用

花

果实

我是柿子，祖籍中国，是土生土长的鼻祖果品，也是独属于中国的美味。我作为果树栽培的历史有两千多年。最早《礼记》中将我与瓜、桃、李、梅、杏等 31 种水果并列为一国之君日常食用的美食。

秋冬时节，繁花落尽，我却迎来了“黄金时代”，此时我的果实就像挂满枝头的灯笼，人见人爱。果实成熟、脱涩后，不仅甜美可口，还有润肺生津、解酒等功效。人们还将我做成带白霜的柿饼，吃起来更加香糯，令人心醉。

你知道吗？我的变化特别丰富，既有红柿、黄柿、青柿、朱柿、白柿、乌柿等颜色上的不同，又有圆柿、长柿、方柿、葫芦柿、牛心柿等形状上的差异。所以如果你见到不同的柿子，可不要觉得奇怪，那都是我家族里的兄弟姐妹呢!

柿树封侯——我与朱元璋的故事

在饥荒的年代，我可以作为主食，缓解饥饿，甚至救人一命，所以也被称为“木本粮食”和“铁杆庄稼”。因为我救饥有功，还曾被明朝开国皇帝朱元璋“封侯”了呢！

据史料记载，朱元璋在年轻时曾历经艰辛，面临生死考验。有一次，他在一个荒村中几乎饿晕，正当绝望之际，发现了一棵结满红彤彤果实的柿子树。这棵柿子树成了他的救命稻草，他摘食柿子充饥，从而渡过了难关。多年后，已经成为皇帝的朱元璋在霜降日再次路过那个小村庄，看到那棵曾经救过他命的柿子树依然屹立不倒，果实累累。为了感念这棵柿子树的恩情，他将自己的红色战袍披在树上，庄重地封它为“凌霜侯”。

柿叶临书——我与书法家的故事

我不仅好吃，还有很多其他的用处。书法家郑虔，早年就是用我的叶子练习书法，终成一代名家。

郑虔是河南荥阳人，在唐玄宗时任著作郎。他早年寓居在长安（今陕西省西安市）大雁塔慈恩寺准备应考，但因自幼家境贫寒，有时连纸张都无力购买。他见寺中柿树遍布，柿叶硕大肥厚，很有宣纸的触感，便抽空捡了柿叶晾在屋中，每日取柿叶练习书法，一年之内竟然将收集的柿叶全部写了一遍，最终练出一手好书法。

后来，郑虔的诗画得到唐玄宗的赞赏，并为他题写“郑虔三绝”四字，称赞他在书、画、诗三方面都具有极高造诣。从此郑虔美名远扬，“郑三绝”传遍天下。

郑虔的成功，离不开他的勤奋，作为他勤奋练习的见证者，我也倍感骄傲！

柿柿如意——我与画家和文学家的故事

在东方文化中，柿与“事”同音，寓意着事事如意，是吉祥和顺的象征，一颗柿子寓意“心想事（柿）成”，两颗柿子寓意“事事（柿柿）如意”“好事（柿）成双”。

我是很多画家钟爱的对象。齐白石爷爷就对我情有独钟，画了许多以我为主题的作品，同时还要题上“世世平安”一类的吉祥语，借自己的画向大家送出祝福。他一生钟爱柿子，自称“柿园先生”，他笔下的柿子设色雅致，心静意清，极富意趣。

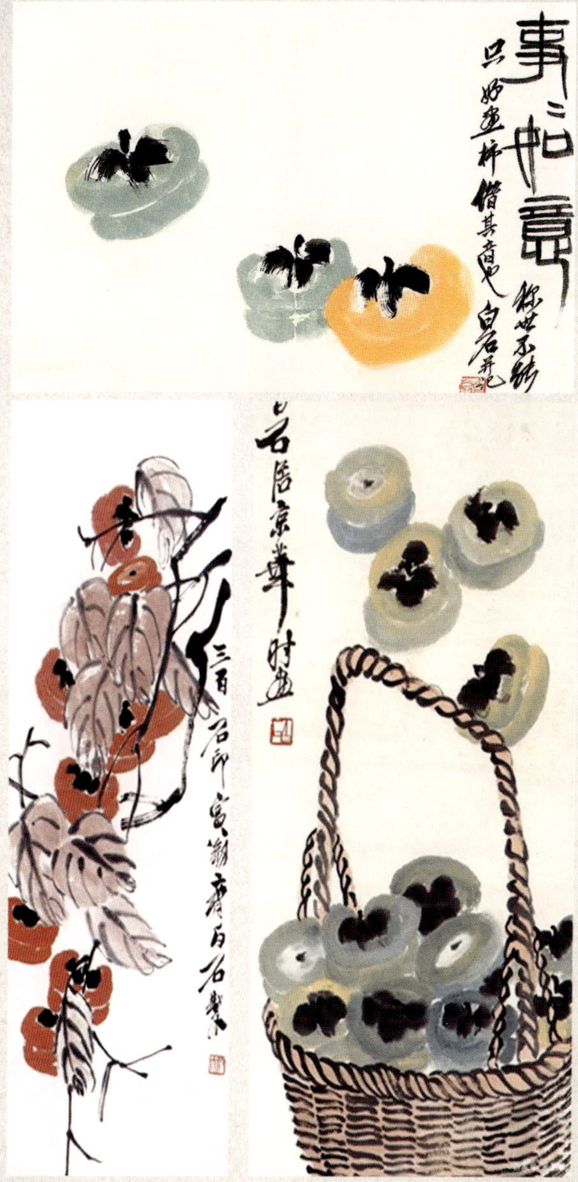

此外，著名的文学家老舍先生也很喜爱我。在老舍先生故居，就有两棵著名的柿子树，是他刚搬进小院时种下的。每到深秋，红色柿子挂满枝头，秋意无限。待到果实成熟，老舍先生还会挨家挨户送给朋友和街坊，借用我的美好寓意，向朋友们表达祝福。两棵柿子树成为老舍先生生活中特别的朋友，因此该院落也被称为“丹柿小院”，而老舍先生的夫人胡絜青女士也是丹青高手，她的画室称为“双柿斋”。双柿相伴，可谓是“树两全，人美满”的佳话了。

一起解密 植物背后的中国故事

“码”上跟随

AI植物学家

1 听播客 涨知识

收听植物故事，加深记忆。

2 玩游戏 学得进

趣玩消消乐，爱上学习。

3 理图谱 懂得快

梳理核心知识，加速理解。

4 有疑惑 直接问

对话好奇博士，拓展知识。